BEI GRIN MACHT SICH IHR WISSEN BEZAHLT

- Wir veröffentlichen Ihre Hausarbeit, Bachelor- und Masterarbeit

- Ihr eigenes eBook und Buch - weltweit in allen wichtigen Shops

- Verdienen Sie an jedem Verkauf

Jetzt bei www.GRIN.com hochladen und kostenlos publizieren

GRIN

Helmut Roderer

SIMULINK - Entwicklung von Modellen

Demonstrationsmodelle

GRIN Verlag

Bibliografische Information der Deutschen Nationalbibliothek:

Die Deutsche Bibliothek verzeichnet diese Publikation in der Deutschen National-
bibliografie; detaillierte bibliografische Daten sind im Internet über http://dnb.d-
nb.de/ abrufbar.

Impressum:

Copyright © 2012 GRIN Verlag GmbH
Druck und Bindung: Books on Demand GmbH, Norderstedt Germany
ISBN: 978-3-656-16992-5

Dieses Buch bei GRIN:

http://www.grin.com/de/e-book/191551/simulink-entwicklung-von-modellen

GRIN - Your knowledge has value

Der GRIN Verlag publiziert seit 1998 wissenschaftliche Arbeiten von Studenten, Hochschullehrern und anderen Akademikern als eBook und gedrucktes Buch. Die Verlagswebsite www.grin.com ist die ideale Plattform zur Veröffentlichung von Hausarbeiten, Abschlussarbeiten, wissenschaftlichen Aufsätzen, Dissertationen und Fachbüchern.

Besuchen Sie uns im Internet:

http://www.grin.com/

http://www.facebook.com/grincom

http://www.twitter.com/grin_com

SIMULINK
Entwicklung von Modellen
Demonstrationsmodelle

Helmut Roderer

Bei der Bearbeitung dieses Themas wurden *MATLAB* -Funktionen der *MATLAB* -Version R2007b benutzt.

Inhaltsverzeichnis

1 Einführung

Zweck dieser Schrift ist die Einführung in die elementaren Eigenschaften von *SIMU-LINK* . Sie ersetzt nicht das ausführliche Studium von *MATLAB-Help* .

1.1 Was ist Simulink?

→ *SIMULINK* dient der Simulation von *technischen Systemen*. Aber auch ökologische Systeme oder Gesellschaftssysteme,, soweit sie mathematisch beschreibbar sind, können simuliert werden.

→ In der Regel ist in derartigen Systemen die Zeit die unabhängige Variable. Man spricht daher auch von *dynamischen Systemen*.

→ Die Systeme werden mit linearen und nichtlinearen algebraischen Gleichungen und Differential- und Differenzengleichungen beschrieben.

→ Notwendig ist die Darstellung der Systeme durch *Signalflußbilder*.

→ *SIMULINK* ist eine, auf *MATLAB* basierende, blockorientierte Programmiermethode. Es können Signalflußbilder direkt in ein Programm umgesetzt werden.

1.2 Realisierung

→ Um ein *Simulink-Modell* erzeugen zu können muss erst ein *Simulinkfenster* erzeugt werden. Es sollte den Namen des Modells tragen.

→ Über den *Simulink Library Browser* hat man Zugriff auf vorgefertigte *Simulink-Blöcke*.

→ Mit der Methode der *S-Funktionen* kann man auch neue Blöcke erzeugen.

→ Die *Simulink-Modelle* werden grafisch durch den Zusammenbau dieser *Simulink-Blöcke* im Simulinkfenster erzeugt.

→ Die Verbindungslinien zwischen Blöcken beschreiben Signale.

→ Läuft das dem Modell zugeordnete Programm ab, erhält man eine *Simulation* des modellierten Systems.

→ Es ist sicher am besten wenn die Simulation so schnell wie möglich abläuft.
Abhängig vom Aufwand bei der Erstellung des ablauffähigen Programms kann
man Rechenzeit einsparen.

→ Für die Entwicklung und Demonstration von Modellen ist das Programm *Assistent* hilfreich.

→ Die Modellbilder können als Postscript-Files gespeichert werden.

→ Die Verläufe der Signale im System können grafisch dargestellt und ebenfalls
als Postscript-Files gespeichert werden.

1.3 Was nicht behandelt wird.

→ Von besonderer Bedeutung ist bei Genauigkeitsfragen die verwendete Integra-
tionsmethode. In *SIMULINK* stehen verschiedene Methoden zur Verfügung.
Auf die theoretischen Grundlagen *numerischer Integrationsverfahren* wird verzichtet.

→ Auf die *Systemtheorie* und auf die *Laplace- und z-Transformation* wird in dieser
Schrift nicht eingegangen. Grundkenntnisse werden vorausgesetzt.

→ Ist die Simulation aber über DA- und AD-Umsetzer und digitalen Ein- und
Ausgängen mit Hardware verbunden muss diese in *Echtzeit* ablaufen. Hierfür
müssen besondere Vorkehrungen getroffen werden.

2 Modelle

Modelle entstehen in einem Fenster durch die Verdrahtung von Blöcken.

Zur Modellentwicklung kann man das Programm *Assistent* benutzen, es wird später besprochen.

Man kann aber auch der hier beschriebenen Vorgehsweise folgen.

2.1 Bereitstellen eines Modellfensters

→ *MCW/Simulink* oder *MCW/simulink* anklicken. Es erscheint der *Simulink Library Browser (SLB)* in unterschiedlichen Darstellungen.

→ Durch Anklicken von *SLB/Create a new model* wird ein Fenster, das *Model Window (MOW)* erzeugt. In diesem Fenster kann das neue Modell erstellt werden.

→ Es ist sinnvoll dafür zu sorgen, dass stets nur ein Modell aufgerufen ist.

→ Das Modell wird mit *MOW/File/Save as* unter dem angegebenen Namen mit Suffix *mdl* im gewählten Directory abgespeichert. Der Modellname darf keinen Newline-Befehl enthalten!

→ Mit *SLB/Open a model* oder mit *MCW/Open a model* kann man das Modell wieder sichtbar machen.

→ Es muss noch die *Simulationsdauer* eingestellt werden. Dazu klickt man *MOW/Simulation/Configuration Parameters* an. Bei *Stoptime* trägt man die Zeit ein. Will man das Modell zusammen mit den Assistenzprogrammen benutzen muss man *Ts* eintragen.

→ Die Farbe kann man mit *MOW/Format/Screen Color* festlegen.

→ Schrift im Modellfenster.

  – Zur Eingabe eines Textes öffnet man durch Doppelklick mit der LMT eine Box. Hier tippt man den Text ein.

  – Durch *MOW/Format/Font* kann man Schriftart, Schriftschnitt und Schriftgrad auswählen. Durch anklicken der Scriftbox erscheint die neue Schriftform.

  – Nach anklicken der Schrift und Halten mit der LMT kann man die Schrift verschieben.

  – Mit *MOW/Edit/Cut* kann man eine markierte Schrift löschen, wenn man sie nochmals anklickt.

2.2   Bereitstellung der Simulink-Blöcke

→   Die Blöcke sind im Simulink Library Browser zusammengefasst.

→   Hier sind Listen mit verschiedenen Blocktypen dargestellt:

- Commonly used Blocks
- Continous
- Discontinuitis
- Discrete
- Logic and Bit Operations
- Lookup Tables
- Math Operations
- Model Verification
- Model-Wide Utilities
- Ports & Subsystems
- Signal Attributes
- Signal Routing
- Sinks
- Sources
- User-Defined Functions
- Additional Math & Discrete

→   Durch Anklicken eines Blocktyps wird die zugehörige Liste geöffnet.

→   Man findet in einer Liste mehrere Blöcke.

→   Für jeden Block gilt:

- Klickt man den Block mit der RMT an , so erscheint eine Liste mit folgenden Auswahlmöglichkeiten:
    * *Add to the Current Model.*
      Der Block wird in das aktuelle Modellfenster übertragen.
    * *Help.*
      Man erreicht *MATLAB-Help* .
    * *Go up a level.*
      Man erreicht den Simulink Library Browser.
    * *(Function) Block Parameter.*
      Das Fenster dient dem Eintrag blockspezifischer Parameter.

→ Man kann auch Blöcke im Modell-Fenster kopieren. Dazu wird der gewünschte Block durch Anklicken mit der LMT markiert, der Block ist an den Ecken fett gekennzeichnet. Anschließend wird *MOW/Edit/Copy* kommandiert. Mit *MOW/Edit/Paste* kann man die Kopie sichtbar machen.

→ Markierte Blöcke werden durch Drücken der Taste *Entf* auf dem Keyboard gelöscht.

→ Klickt man einen Block mit der LMT an, so kann man ihn bei gedrückter Maustaste in das Modell-Fenster ziehen.

→ Auf die gleiche Weise kann man den Block im Modellfenster bewegen.

2.3 Bearbeitung von Blöcken

→ Bei einem Doppelklick mit der LMT über einem Block öffnet sich das Figure *Function Block Parameter*. Hier kann man blockspezifische Parameter eintragen. Man kann aber auch *MATLAB-Help* erreichen.

→ Bewegt man den Cursor auf einen Block und klickt mit der LMT so wird der Block *markiert (Mar)*.

→ Klickt man einen Block mit der LMT an geht anschließend mit dem Cursor auf einen Eckpunkt, so kann man durch Cursorbewegung die Größe des Blocks verändern.

→ Mit *Mar/MOW/Format/Background Color* kann man die Farbe des Blocks und mit *Mar/MOW/Format/Foreground Color* die Farbe von Umrahmung und Schrift einstellen.

→ Ein weiteres Gestaltungselement für Blöcke ist der *Schatten*. Dazu führt man *Mar/MOW/Drop Shadow* aus. Entfernen kann man ihn mit *Mar/MOW/Hide Drop Shadow*.

→ Man kann einen Block mit *Mar/MOW/Format/Flip Block* um seine klappen.

→ Mit *Mar/MOW/Format/Rotate Block* wird der Block um 90° im Uhrzeigersinn um seine Hochachse gedreht.

→ Jeder Block hat einen Namen. Er kann entweder unter oder über dem Block stehen. Mit *Mar/MOW/Format/Flip Name* kann man die Position des Namens ändern.

→ Mit *Mar/MOW/Format/Hide Name* bzw. *Mar/MOW/Format/Show Name* kann man den Namen verbergen oder wieder sichtbar machen.

→ Bei mehreren markierten Blöcken kann man die Größe mit *MOW/Format/Resize Blocks*, die Ausrichtung mit *MOW/Format/Align Blocks* und die Verteilung mit *MOW/Format/Distribute Blocks* beeinflussen.

2.4   Aufbau des Modells

→   Die bereitgestellten Blöcke werden in die gewünschten Positionen gebracht.

→   Blöcke müssen über Signalleitungen miteinander verbunden werden. Dazu klickt man den gewünschten *Blockeingang* mit der LMT an.

→   Bei gedrückter LMT zieht man den Cursor auf den Ausgang eines anderen Blocks oder auf eine andere Signalleitung und lässt dann die Taste los.

→   Die entstandene Signalleitung muss durchgezogen und schwarz erscheinen, andernfalls ist die Verbindung noch nicht hergestellt.

→   Zum Entfernen eines Signals führt man *Mar/KEY/Entf* aus.

→   Bei gedrückter LMT kann man ein gestricheltes Rechteck aufziehen. Alle in diesem Rechteck enthaltenen Blöcke und Leitungen werden markiert.

→   Mit den Keyboard-Tasten ↑ ↓ → ← kann man diese Elemente verschieben.

→   Durch Betätigung der LMT an beliebiger Stelle im Modellfenster kann man eine Markierung aufheben.

→   Mit *MOW/Format/Port-,Signal-Display* kann man verschiedene Modell- und Signaleigenschaften anzeigen.

2.5   Signale

→   Signale können *reell* oder *komplex* sein.

→   Eine Signalleitung kann mehrere Signale umfassen. Sie heißt dann *Signalvektor* mit n Signalen.

→   Klickt man eine Signalleitung mit der LMT an, so kann man bei gedrückter Taste durch Cursorbewegung den Verlauf der Verbindung ändern.

→   Die Blockein- und Blockausgänge, die verbunden werden sollen, müssen dann die gleiche Anzahl n von Signalen haben.

→   Man kann einem Signal auch einen Namen geben. Dazu führt man *Mar/DoLMT* auf der Leitung aus. Es erscheint eine Box. Hier kann man den Text eintragen.

→   Mit gedrückter LMT kann man den Text verschieben.

→   Zur Entfenung eines Textes muss man *Mar/DoLMT/KEY/Entf* ausführen.

→   Mit *MOW/Format/Port-, Signal Displays/...* Kann man viele Signaleigenschaften sichtbar machen.

2.6   Speichern der Bilder von Modellen

$\rightarrow$ Das Bild eines Modells soll als *Postscript-File* gespeichert werden.

$\rightarrow$ Bei aktiven Modellfenster ruft man im MCW oder im Assistenzprogramm die Funktion:

    model2file(pfad,typ)
pfad: Pfad des Zieldirectorys
typ: SW-Bild ('eps') oder Farbbild ('epsc')

$\rightarrow$ Vor Ausführung dieser Funktion muss *MOW/File/Printsetup* die Orientierung auf *Hochformat* stehen.

$\rightarrow$ Das File wird unter dem Modellnamen gespeichert. Dabei werden die Zeichen / durch _ ersetzt.

3 Subsysteme

3.1 Einführung

→ Auf die vorstehend beschriebene Weise erzeugte Modelle werden rasch groß und damit unübersichtlich.

→ Dieses Problem wird durch die Einführung von *Subsystemen* behoben.

→ Es sei ein Modell gegeben. In diesem System kann man einen Teil von Blöcken markieren.

→ Diese Blöcke kann man zusammenfassen und als Subsystem erklären.

→ Hierzu sind die nachfolgend beschriebenen Arbeitsschritte erforderlich.

→ Das Subsystem wird nun auch als Block aufgefasst.

3.2 Erklärung eines Subsystems

→ Zieht man über einen Teil des Modells mit der LMT ein Rechteck auf, so werden alle Blöcke innerhalb des Rechtecks markiert.

→ Mit *MOW/Edit/Create Subsystem* wird aus den markierten Blöcken ein neuer Block erzeugt. Er erhält automatisch den Namen *Subsystem*.

→ Er stellt sich als Blocksymbol mit Eingangssignalen *In1,... Inm* und Ausgangssignalen *Out1,... Outm* dar.

→ Das Subsystems kann man durch Öffnen mit *Mar/MOW/Edit/Open Block* in einem eigenen *Subsystem-Fenster (SUW)* sehen.

→ Parameter von Blöcken im Subsystem sind nun nicht mehr zugänglich. Diese Parameter können bei geöffnetem Subsystem geändert werden.

→ Besser ist die unten beschriebene Methode. Hierzu muss der Parameter einen Variablennamen erhalten. Er kann dann über eine Dialogbox eingegeben werden.

→ Mit *MOW/Edit/Undo Create Subsystem* kann man die Erzeugung eines Subsystems wieder rückgängig machen.

3.3 Subsystem maskieren und benennen

→ Mit *Mar/MOW/Edit/Edit Mask subsystem* kann man das Subsystem beschriften.

→ Es erscheint das Menu *Mask editor: Subsystemname*.

→ Hier ist nur der Menupunkt *Icon* von Interesse.

→ Das Fenster zeigt Möglichkeiten zur Gestaltung der Beschriftung des Subsystems. Man kann hier Texte und Zeichnungen einfügen.

→ Die einfachste Art zur Bezeichnung des Subsystems ist:
`disp('Irgendein\n Text')`. Dieser Text wird *nicht* als Subsystemname benutzt.

→ Man kann auch den Eingangs- und Ausgangssignalen neue Namen geben. Hierzu dient:

```
port_label('input',n,'Name')
port_label('output',n,'Name')
```

Dabei ist *Name* der neue Name von *Inn* bzw. *Outn*.

→ Muss man eine eingestellte Maske ändern oder ergänzen, so muss man wieder *Mar/Edir/Edit/Edit mask* kommandieren.

→ Bei Erzeugung eines Subsystems wird ihm automatisch der Name *Subsystem* zugeordnet. Klickt man diesen Namen mit der LMT an, so kann er geändert werden.

→ Maskierte Subsysteme können auch mit *Mar/MOW/Edit/Look under Mask* sichtbar gemacht werden.

3.4 Speichern der Bilder von Simulink-Subsystemen

→ Das Bild eines Subsystems soll als *Postscript-File* gespeichert werden.

→ Das Subsystemfenster muss durch anklicken mit dem Cursor aktiviert werden.

→ Bei aktiven Modellfenster ruft man im MCW oder im Assistenzprogramm die Funktion:
model2file(pfad,typ)
pfad: Pfad des Zieldirectorys
typ: SW-Bild ('eps') oder Farbbild ('epsc')

→ Vor Ausführung dieser Funktion muss *SUW/File/Printsetup* die Orientierung auf *Hochformat* stehen.

→ Das Bild wird unter `Modellname_Subsystemname` gespeichert.

→ Der Subsystemname steht unter oder über dem Block. Er kann auch verborgen sein. Auf keinen Fall steht er im Block!

→ Es ist dafür zu sorgen, dass der Subsystemname keine Zeilenumbruchanweisung enhält!

4 S-Funktionen

4.1 Einführung

→ Unter $S - Funktion$ versteht man eine Methode zur Erzeugung neuer Blöcke.

→ Sie werden als M-Files erstellt.

→ Neben den beiden anschließend besprochenen Grundtypen von S-Funktionen gibt es noch weitere Realisierungsformen.

→ Zur Vertiefung dieses Themas wird auf *MATLAB-Help* verwiesen.

4.2 S-Funktionen für zeitkontinuierliche Blöcke

→ Ausgangspunkt für die Programmerstellung ist die Zustandsdarstellung von linearen Differentialgleichungssystemen, siehe auch das Kapitel *Mathematische Grundlagen*:

$$\begin{aligned} \frac{dX(t)}{dt} &= AX(t) + BU(t) \\ Y(t) &= CX(t) + DU(t) \end{aligned} \qquad (4.1)$$

→ Die Reihenfolge der Berechnung ist der Tabelle zu entnehmen:

Bezeichnung	Flag	sys=
Initialisierung	0	
In jedem Zeitschritt		
Berechnung der Ausgangsgrößen	3	$Y(t)$
Berechnung der Ableitungen	1	$dX(t)/dt$
Ende der Simulation	9	[ ]

$\longrightarrow$ Der zugehörige Code lautet:

```
% Implementierung einer S-Funktion zur rekursiven
% Lösung der Zustandsdarstellung
% dx(t)/dt = Ax(t) + Bu(t)
% y(t)     = Cx(t) + Du(t)
% Die Berechnung erfolgt in der Reihenfolge:
% flag= 0, [3, 1] wiederholt, 9
% Parameter:
% 1) Feste, unveränderliche Parameter: t,x,u,flag
% 2) Parameter, die über die Maske eingegeben werden.
%    Im Beispiel: A,B,C,D
%
function [sys,x0,str,ts] = sfzcMuster(t,x,u,flag,A,B,C,D)
switch flag,
case 0, nst=size(A,2);no=size(C,1);ni=size(B,2);
        xa=zeros(1,1:nst);
        [sys,x0,str,ts]=initzksf(nst,no,ni,xa);% Init.
case 1, sys = A*x+B*u;  % Ableitungen
case 2, sys=[];         % Wird verlangt, eigentlich unnötig
case 3, sys = C*x+D*u;  % Ausgänge
case 9, sys = [];       % Ende des Ablaufs
otherwise, error(['Nichtgenutzte Flags: ',num2str(flag)]);
end;
```

$\longrightarrow$ Für die Initialisierungsfunktion gilt:

```
% Initialisierungsfunktion für zk-S-Funktionen
% cst     : Zahl der kontinuierlichen Zustände
% out,in  : Zahl der Aus- und Eingänge
% T       : Tastzeit, 0 für den zeitkontinuielichen Fall
% x       : Anfangszustände
%
function [sys,x0,str,ts]=initzksf(cst,out,in,x)
sizes = simsizes;
sizes.NumContStates  = cst;
sizes.NumDiscStates  = 0;
sizes.NumOutputs     = out;
sizes.NumInputs      = in;
sizes.DirFeedthrough = -1;
sizes.NumSampleTimes = 0;
sys = simsizes(sizes);
x0=x;str=[];ts=[];
```

4.3 S-Funktionen für zeitdiskrete Blöcke

→ Hier ist der Ausgangspunkt die Zustandsdarstellung für lineare Differenzengleichungssystem, siehe wiederum das Kapitel *Mathematische Grundlagen*:

$$\begin{aligned} X_{n+1} &= AX_n + BU_n \\ Y_n &= CX_n + DU_n \end{aligned} \qquad (4.2)$$

→ Die Reihenfolge der Berechnung ist nun:

Bezeichnung	Flag	sys=
Initialisierung	0	
In jedem Zeitschritt		
Berechnung der Ausgangsgrößen	3	Y_n
Berechnung der Zustände	2	X_n
Ende der Simulation	9	[ ]

→ Der Code lautet nun:

```
% Implementierung einer S-Funktion zur rekursiven
% Lösung einer zeitdiskreten Zustandsdarstellung .
% x(n+1) = Ax(n) + Bu(n)
% y(n)   = Cx(n) + Du(n)
% Die Berechnung erfolgt in der Reihenfolge:
% flag= 0, [3, 2] wiederholt, 9
% Parameter:
% 1) Feste, unveränderliche Parameter: t,x,u,flag
% 2) Parameter, die über die Maske eingegeben werden.
%    Im Beispiel: T,A,B,C,D
%
function [sys,x0,str,ts] = sfzdMuster(t,x,u,flag,T,A,B,C,D)
switch flag,
case 0, nst=size(A,2);no=size(C,1);ni=size(B,2);
        xa=zeros(1,1:nst);
        [sys,x0,str,ts]=initzdsf(nst,no,ni,T,xa);% Init.
case 2, sys = A*x+B*u;  % Zustände
case 3, sys = C*x+D*u;  % Ausgänge
case 9, sys = [];       % Ende des Ablaufs
otherwise, error(['Nichtgenutzte Flags: ',num2str(flag)]);
end;
```

$\rightarrow$ Für die Initialisierungsfunktion gilt:

```
% Initialisierungsfunktion für zd-S-Funktionen
% dst      : Zahl der diskreten Zustände
% out,in  : Zahl der Aus- und Eingänge
% T        : Tastzeit
% x        : Anfangszustände
%
function [sys,x0,str,ts]=initzdsf(dst,out,in,T,x)
sizes = simsizes;
sizes.NumContStates  = 0;
sizes.NumDiscStates  = dst;
sizes.NumOutputs      = out;
sizes.NumInputs       = in;
sizes.DirFeedthrough = 1;
sizes.NumSampleTimes = 1;
sys = simsizes(sizes);
x0=x;str=[];ts=[T 0];
```

4.4   Betrieb einer S-Funktion

$\rightarrow$ Der Funktionsname sei:

- **[sys,x0,str,ts]=sfMuster(t,x,u,flag,A,B,C,D,...)**

$\rightarrow$ Die stets erforderlichen Aufrufparametern sind *Zeit t, Zustand x, Eingangsgröße u, flag*. Diese Parameter werden automatisch versorgt.

$\rightarrow$ Die weiteren Aufrufparameter *A, B ,C, D,...* müssen über die Maske eingegeben werden. Sie werden daher auch Maskenparameter genannt.

$\rightarrow$ Die Ausgangsgröße *sys* ist abhängig vom kommandierten Flag, siehe obenstehende Tabellen.

$\rightarrow$ $X0$ sind die States für den nächste Schritt.

$\rightarrow$ Es ist stets $str = []$.

$\rightarrow$ Die Größe *ts* beinhaltet Information über die Tastzeit.

4.5   S-Funktion-Blöcke

$\rightarrow$ Im *Simulink Library Browser* findet man unter *Simulink/User-defined Functions* einen Block *S-Function*. Dieser Block wird in das Modell-Fenster gezogen.

$\rightarrow$ Dieser Block hat als Eingangssignale die Vektoren $U(t)$ oder U_n und als Augangssignale die Vektoren $Y(t)$ oder Y_n.

$\rightarrow$ Im Modellfenster wird *Mar/MOW/Edit/S-Function parameters* kommandiert. Es erscheint das Fenster *Block Parameters: S-Function*. Dort gibt man den Funktionsnamen und die Parameterliste ein.

$\rightarrow$ Zur Maskierung des S-Funktions-Blocks wird genau wie bei den Subsystemen verfahren.

$\rightarrow$ Mit *Mar/MOW/Edit/Mask S-Function* kann man das Subsystem maskieren.

$\rightarrow$ Es erscheint das Menu *Mask editor: Subsystemname* mit folgenden Punkten:

- Unter *Icon* kann man die Oberfläche gestalten.

  * Man kann Texte und Zeichnungen einfügen. Die einfachste Art zur Bezeichnung des Subsystems ist:
    ```
    disp('Irgendein\n Text').
    ```
  * Man kann auch den Eingangs- und Ausgangssignalen neue Namen geben. Hierzu dient:
    ```
    port_label('input',1,'Name')
    port_label('output',1,'Name')
    ```

- Unter *Parameter* wird die Maske für die S-Funktion erzeugt. Diese Methode ermöglicht die Änderung des Wertes von Maskenparametern. Für jeden Parameter muss man eintragen:

  * Eine Erläuterung des Parameters für die Maske in *Prompt*.
  * Den Variablennamen in *Variable*.
  * Das Feld *Type* steht üblicherweise auf *edit*.
  * *Evaluate* ist gesetzt und *Tunable* ist nicht gesetzt.

- In *Initialization* können Anweisungen, die zur Initialisierung des Subsystems erforderlich sind eingegeben werde.

- Mit *Documentation* besteht eine Möglichkeit zur Dokumentation des neuen Blocks

5 Parameterversorgung von Modellen

5.1 Einführung

→ Beim Ablauf von Modellen werden zwei Sorten von Parametern benötigt:

- Das zu simulierende System wird durch Kennwerte beschrieben.

- Für den Ablauf der Simulation werden Simulationsdaten benötigt: *Tastzeit Ta* und *Simulationsdauer Ts*.

- Für die spezielle Datenerfassung mit dem Block *To Wsp*, Genaueres siehe später, wird die *Erfassungstastzeit Te* benötigt.

→ Zur Parameterversorgung von Modellen existieren zwei Methoden, die auch kombiniert werden können..

5.2 Direkte Methode

→ Bei Doppelklick auf den Block oder mit *Mar/MOW/Edit/Edit Mask Parameters...* erscheint das Fenster *Block Parameters: Blockname*. Nun kann man die bei der Maskierung eingestellten Parameter mit Werten versorgen.

→ Dies gilt auch für die *Erfassungstastzeit Te* und die Tastzeit *Ta*.

→ Die Simulationsdauer *Ts* muss im Modellfenster eingetragen werden. Siehe den Abschnitt *Simulationsvorbereitung*.

5.3 Versorgung über den Basis-Workspace

→ Bei dieser Methode wird in einem Block oder im Modellfenster anstelle des Zahlenwertes ein Variablenname oder ein Matlabausdruck eingetragen.

→ Die verwendeten Variablen müssen im Basis-Workspace vor dem Ablauf des Modells eingetragen worden sein.

5.4   Zum Basis-Workspace

→ Bei Aufruf von *MATLAB* erscheint das MCW.

→ Mit *MCW/Desktop/Workspace* wird das *Workspacefenster (WSW)* sichtbar.
   Man muss noch *MCW/Desktop/Workspace Toolbar* kommandieren.

→ Mit *WSW/Undock Workspace* wird das WSW separiert.

→ Im WSW erscheinen alle eingetragenen Variablen mit Name und Wert.

→ Bringt man den Cursor auf den Variablennamen, stehen folgende Kommandos
   zur Verfügung:

Variablennamen ändern:	*RMT/Rename*
Wert eintragen:	*RMT/Edit Value*
Variable löschen:	*RMT/Delete*
Array Editor aufrufen:	*DoLMT*

→ Man kann beim Eintragen eines Variablenwertes anstelle einer Zahl auch einen
   Matlabausdruck angeben. Die in diesem Ausdruck angegebenen Variablen müssen
   bereits im Workspace stehen.

→ Ist eine Variable eine Matrix so sollte man den *Array − Editor* aufrufen. Es
   kann jedes Element einzeln eingetragen werden.

→ Beim erstmaligen Auftreten des Array-Editors kann dieser ebenfalls abgedockt
   werden.

→ Man kann mit *WSW/New variable* eine neue Variable eintragen indem man
   unnamed überschreibt.

→ Mit *WSW/Edit/Clear Workspace* kann man alle Varablen löschen.

→ Mit *WSW/File/Close Workspace* kann die Darstellung des Workspace beendet
   werden.

→ Zur Erzeugung, Sichern und Laden des Basisworkspace stehen folgende Funktionen zur Verfügung:

   NewBwesp(sys)
   SaveBwesp(sys)
   LoadBwesp(sys)
   sys: Modellname
   Der Zugriff erfolgt auf das File [*sys,' _wsp.mat'*].

→ Man kann den Basisworkspace des Systems *sys* auch im MCW ausgeben:

   BWsp2MCW(sys)

$\rightarrow$ Müssen zur Bestimmung von Workspace-Variablen Rechnungen ausgeführt werden, so ist es zweckmäßig diese in einer getrennten Funktion durchzuführen und in den Basisworkspace zu übertragen.

$\rightarrow$ Für ein Modell *sys* sollte man, um Kompatibiltät mit dem Assistenten zu erzielen, diese Funktion [*sys*,'_*dat.m*'] nennen.

6 Ablauf von Modellen

Nachfolgend wird die *Standard-Simulation* beschrieben. Auf die Beschreibung der *beschleunigten Simulation* und des *Realtime-Workshop* wird verzichtet.

6.1 Klassifizierung von Systemen

Modelle lassen sich bezüglich ihrer Abläufe folgendermaßen klassifizieren:

→ *Zeitkontinuierliche Systeme.*

Der Ablauf eines Systems erfolgt kontinuierlich in der Zeit. Größen, die den Ablauf des Systems beschreiben, haben zu *jedem* Zeitpunkt einen definierten Wert.

→ *Systeme mit zeitdiskreten Komponenten gleicher Tastzeit.*

Insbesondere durch die Digitalisierung gibt es zunehmend auch *zeitdiskrete* Systeme. Bei diesen Systemen haben die Signale nur zu *bestimmten* Zeitpunkten definierte Werte.

→ *Systeme mit zeitdiskreten Komponenten unterschiedlicher Tastzeiten (Multiratesystems).*

→ *Mischsysteme mit zeitkontinuierlichen- und zeitdiskreten Komponenten.*

6.2 Simulation von Systemen

→ *Zeitdiskrete Systeme*

Die Simulation eines zeitdiskreten Systems auf einem Digitalrechner, der ebenfalls ein zeitdiskretes System ist, macht daher keine Schwierigkeiten.

- Bei jedem zeitdiskreten Block muss die *Sampletime* als Maskenparameter angegeben werden.

- Stellt man die Sampletime auf −1 wird die Tastzeit vom treibenden Block übernommen.

- Weiter ist die Einstellung
  MOW/Simulation/Configuration Parameters/Type/Fixed-step
  MOW/Simulation/Configuration Parameters/Solver/discrete
  erforderlich.

- Damit ist es auch möglich Multiratesysteme zu realisieren. Es muss aber gelten:

$$nT_k = T_{max} \quad \text{mit} \quad n \in N \quad \text{für alle} \quad T_k \tag{6.1}$$

- Das Eingangssignal eines zeitdiskreten Blocks wird nur an den Tastzeitpunkten benutzt.

- Das Ausgangssignal dieses Blocks wird bis zum nächsten Tastzeitpunkt konstant gehalten. Man spricht vom Halteglied 0-ter Ordnung.

$\rightarrow$ *Zeitkontinuierliche Systeme*

Modelle für ein zeitkontinuierliches System auf einem Digitalrechner zu entwerfen ist im Prinzip nicht möglich, da Signalwerte nur zu bestimmten Zeitpunkten berechnet werden können. Zeitkontinuierliche Systeme müssen daher ebenfalls durch zeitdiskrete Modelle simuliert werden.

- Dazu werden alle Integratoren des Modells automatisch durch die *gleiche* Integrationsformel ersetzt.

- Welche Integrationsformel man verwendet ist eine Frage der Genauigkeit und des Rechenaufwands.

- In *SIMULINK* wird eine Vielzahl unterschiedlicher Algorithmen zur Verfügung gestellt. Die Auswahl wird dem Anwender überlassen.

- Die Algorithmen kann man in zwei Gruppen einteilen:

  * Algorithmen mit *fester Tastzeit*, auch Schrittweite genannt. Hierzu wählt man
  MOW/Simulation/Configuration Parameters/Type/Fixed-step,
  MOW/Simulation/Configuration Parameters/Solver/Algorithmus.
  Für *Algorithmus* kann man setzen: *ode5, ode4, ode3, ode2, ode1, ode14x*.

  * Es gibt auch Algorithmen die ihre Schrittweite automatisch Genauigkeitsforderungen anpassen. Diese wählt man mit
  MOW/Simulation/Configuration Parameters/Type/Variable-step,
  MOW/Simulation/Configuration Parameters/Solver/Algorithmus.
  Algorithmen mit *variabler Schrittweite* sind
  ode45, ode23, ode113, ode15s, ode23s, ode23t, ode23tb.

  * Man sollte den *ode45 − Algorithmus* immer zuerst benutzen.

- Zu diesem Thema wird ausdrücklich auf *MATLAB-Help* und insbesondere auf folgende Stichworte verwiesen:

  * *Modeling Dynamic Systems,*
  * *Modeling and Simulating Discrete Systems,*
  * *Chosing a Solver* und *Solver Pane.*
  * Die Namen der einzelnen Solver.

$\rightarrow$ *Mischsysteme*

Ein derartiges System kann problemlos durch Mischung der vorgenannten Systeme realisiert werden.

$\rightarrow$ Abschließend sei noch erwähnt,dass auch algebraische Blöcke die Angabe einer Tastzeit erfordern. Es ist zweckmäßig diese auf -1 einzustellen.

$\rightarrow$ Bei Blöcke, deren Ausgang sich niemals ändern kann, ist für die Tastzeit *inf* zu setzen.

$\rightarrow$ Blöcke mit der Tastzeit 0 werden zu jedem Taktschritt abgefragt.

6.3 Simulationsvorbereitung

$\rightarrow$ Alle S-Funktionen müssen als M-File vorliegen.

$\rightarrow$ Es ist zu prüfen ob alle Masken der Blöcke und Subsysteme vollständig ausgefüllt sind.

$\rightarrow$ Es ist mit *MOW/Simulation/Normal* die Simulationsart einzustellen.

$\rightarrow$ Mit *MOW/Simulation/Configuration Parameters...* erhält man ein Fenster. Hier kann man folgende Einstellungen vornehmen:

    $-$ *Starttime:* Wird normalerweise auf 0 eingestellt.

    $-$ *Stoptime:* Hier sollte eine Zahl oder ein Variablenname z.B. Ts eingetragen werden.

6.4 Simulationsablauf

$\rightarrow$ Die Simulation wird mit *MOW/Simulation/Start* gestartet. Sie läuft bis die eingestellte *Stop time* erreicht wird.

$\rightarrow$ Die Simulation kann mit *MOW/Simulation/Stop*, auch vor Ablauf der Stoppzeit, beendet werden.

$\rightarrow$ Ein Anhalten mit Fortsetzungsmöglichkeit durch Start ist mit *MOW/Simulation/Pause* möglich.

7 Erfassung und Darstellung von Signalverläufen

7.1 Einführung

Zur Speicherung und Darstellung von Signalverläufen, abkürzend Daten genannt, findet man über den *Library Browser* unter *Sinks* verschiedene Blöcke.

In Ergänzung hierzu wird ein Simulink-Block angegeben, der es ermöglicht Daten während des Ablaufs eines Modells im Basis-Workspace zu speichern. Diese Daten können nach Ablauf des Modells durch ein gesondertes Programm in Subplots auf unterschiedliche Weisen dargestellt werden.

7.2 Erfassung der Daten

→ Mit dem Block

Abbildung 7.1: Erfassungsblock

kann man aus einem Modell heraus einen Signalverlauf oder auch mehrere Signalverläufe in den Basis-Workspace speichern

→ In einem Modell können beliebig viele Erfassungsblöcke existieren.

→ Die Datenerfassung erfolgt mit einer vorgebbaren Tastperiode, der Erfassungstastzeit Te.

→ Soll die Darstellung der erfassten Daten mit dem Programm *wsp2plot* erfolgen, so muss bei allen Blöcke *To Wsp* im Modell die gleiche Erfassungstastzeit eingestellt werden.

→ Die m erfassten Signale eines Blocks werden als $m \times n - Matrix$ abgespeichert. Dabei ist $n = floor(Ts/Te)$, mit der Simulationsdauer Ts.

→ Vor dem ersten Ablauf eines Modells sollte der Workspace gelöscht werden.

→ Diese Blöcke sind mit der S-Funktion *sfsig2wsp.m* realisiert.

27

$\rightarrow$ Das Signal und die in der S-Funktion erforderlichen Maskenparameter werden in einer Struktur zusammengefasst.

$\rightarrow$ Der Block *To Wsp* wird über Masken-Parameter nach Tabelle 7.1 gesteuert.

Tabelle 7.1: Parameter des Blocks To Wsp

	Maskenbezeichnung	Feldname	S-Funk. Par.
1	Erfassungstastzeit(sek)	s.T	T
2	'Signalname im Wsp'	s.nam	A
3	'Subplot-Titel'	s.txt	B
4	'x-Achsenbeschriftung'	s.xt	Bx
5	'y-Achsenbeschriftung'	s.yt	By
6	'Modus' (lin,stu,del,pha)	s.mod	C
7	Subplot-Nummer ($<= 9$)	s.sp	D
8	Kanäle pro Subplot	./.	E
9	Aus(0),Ein(1)	./.	F
10	Signale	s.sig	./.

7.3 Darstellung der Signalverläufe

$\rightarrow$ Die Daten, die wie oben beschrieben im Basis-Workspace gespeichert wurden, können in einem Figure dargestellt werden. Dabei kann die Form der Darstellung weitgehend frei gewählt werden.

$\rightarrow$ Zum Zeichnen dient das Programm:

wsp2plot

$\rightarrow$ Jedem Erfassungsblock wird ein Subplot zugeordnet.

$\rightarrow$ Es können maximal neun Subplots dargestellt werden. Die tatsächliche Anzahl von Subplots wird durch die Anzahl der eingeschalteten Erfassungsblöcke bestimmt.

$\rightarrow$ Die Reihenfolge der Subplots wird durch die *Subplot-Nummer* in Tabelle 7.1 festgelegt.

$\rightarrow$ Für jeden Subplot wird der Titel, die x-Achsen- und die y-Achsen-Beschriftung durch die Angaben in Tabelle 7.1 Position 3 bis 5 festgelegt.

$\rightarrow$ In einem Subplot können bis zu 12 Signalverläufe dargestellt werden.

$\rightarrow$ Aktuell werden die m erfassten Signale dargestellt.

$\rightarrow$ Bei $m > 1$ wird jedes Signal in einer anderen Farbe dargestellt. Die periodisch sich wiederholende Farbfolge ist `wgrbmc`.

$\rightarrow$ In einem Subplot werden alle Signale in gleicher Form dargestellt.

$\rightarrow$ Es existieren mehrere Darstellungsformen für ein Signal $x(t)$. Sie werden über den *Modus* in Tabelle 7.1 bestimmt. Die Darstellung erfolgt als:

  - Lineare Interpolation für alle Signale (*lin*).

  - Stufenfunktion für alle Signale (*stu*).

  - Deltafunktion für alle Signale (*del*).

  - Kombination (*stu*|*del*|...|*lin*).
    Eine Angabe für jedes der m Signale

  Es sei ausdrücklich darauf hingewiesen, dass diese Darstellungsformen nichts mit der Darstellung der Signale im Modell zu tun haben.

$\rightarrow$ Weiter ist im Modus *par* die Parameterdarstellung von zwei Signalen $x(t)$ und $y(t)$ in der Form $x = f(y)$ möglich.

$\rightarrow$ Für ein Figure kann gewählt werden ob die Darstellung mit oder ohne Gitter erfolgen soll.

7.4 Speichern der Figures

$\rightarrow$ Die Speicherung eines Figure als Postscript-File kann auf zwei Weisen erfolgen.

$\rightarrow$ Man kann die Funktion *print()* benutzen.

$\rightarrow$ Bequemer ist der Aufruf von

  fig2file(dir,H,F)
  dir: Zieldirectory.
  H,F: Handle des Menu- und des Zeichnungsfensters
  des rufenden Programms.

  Es können wahlweise Schwarz-Weiss- oder Farbbilder gespeichert werden.

$\rightarrow$ Ein Beispiel ist in Abbildung 7.2 dargestellt.

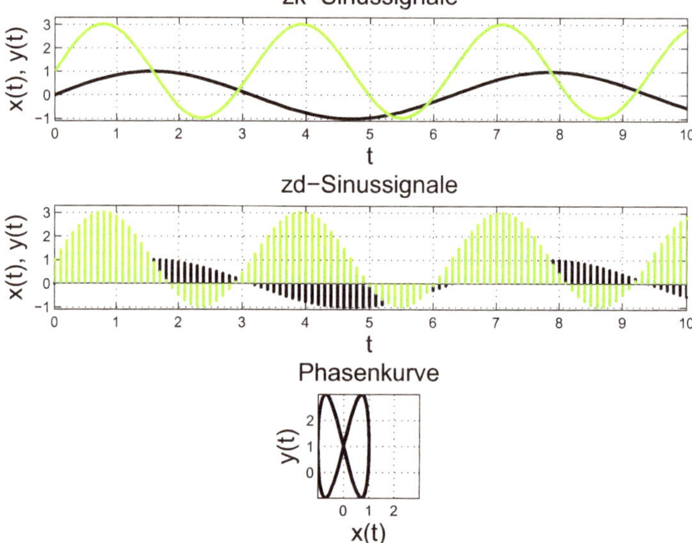

Abbildung 7.2: Darstellungsbeispiel

8 Assistenzprogramm

→ Als Unterstützung für den Entwurf neuer Modelle und für die Demonstration vorhandener Modelle ist ein Programm *Assistent* hilfreich.

→ Dieses Programm *muss* im gleichen Directory wie die Modelle stehen!

→ Dieses Programm soll alle Schritte, die beim Entwurf eines Simulinkmodells erforderlich sind, unterstützen.

→ Bei der Eingabe von Parametern wird die Methode über den Workspace eingesetzt.

→ Bei der Erstellung neuer Modelle erledigt der Assistent folgende Aufgaben:

    – Erzeugung eines neuen Modellfensters und des Basisworkspace mit einer Belegung der Simulationsdaten Ta, Te, Ts.

    – Ein bereits existierendes Modell kann über ein Popup-Fenster ausgewählt und zusammen mit dem Workspace geladen werden.

    – Nun kann im Modellfenster die Simulation gestartet werden.

    – Modell und Workspace können gesichert werden.

→ Die Simulationsergebnisse kann man darstellen und als Postscriptfiles sichern.

→ Das Signalbild des Modells und seiner Subsysteme kann ebenfalls als Postscriptfiles gesichert werden.

→ Man kann folgende Objekte rufen:

    – Den *Simulink Library Browser*

    – Das *User Library (UserLIB.mdl)* zur Speicherung von selbsterstellten S-Funktionsblöcken und Subsystemen.

    – Zur Zwischenspeicherung von Blöcken dient das Modell *Depot.mdl*.

→ Diese Objekte löscht man mit *MOW/File/Close* im jeweiligen Fenster.

→ Für die Arbeit mit dem Workspace ist das Folgende wichtig:

    – Über einen Pushbuton kann der Workspace sichtbar gemacht werden.

    – Mit *WSW/File/Close Workspace* kann man ihn wieder wegschalten.

    – Beim Assistenten werden die Workspacedaten in einem File *Mname_wsp.mat* im gleichen Directory wie das Modell *Mname.mdl* selbst gespeichert.

    – Eine Kopie des Workspace wird im MCW ausgegeben.

- Bei allen *To Wsp*-Blöcken im Modell muss die gleiche Erfassungstastzeit eingestellt werden.

- Man kann Workspacedaten mittels Programm $[sys,' -dat.m']$ berechnen und in den Workspace laden.

9 Mathematische Grundlagen

9.1 Integration

→ Die Integration ist die Grundlage für die Erstellung von Modellen zur Lösung von Differentialgleichungen.

→ Unter Integration versteht man folgende Operation:

$$y(t) = \int\limits_{\tau=0}^{t} x(\tau)d\tau + x_0 \quad \circ\!\!-\!\!\bullet \quad y(s) = \frac{1}{s}x(s) + x_0 \qquad (9.1)$$

x_0 ist die *Integrationskonstante*.

→ Die Umkehrung der Integration ist die Differentiation:

$$x(t) = \frac{dy(t)}{dt} \quad \circ\!\!-\!\!\bullet \quad x(s) = sy(s) \qquad (9.2)$$

→ Die Integration wird in *SIMULINK* mit dem Block

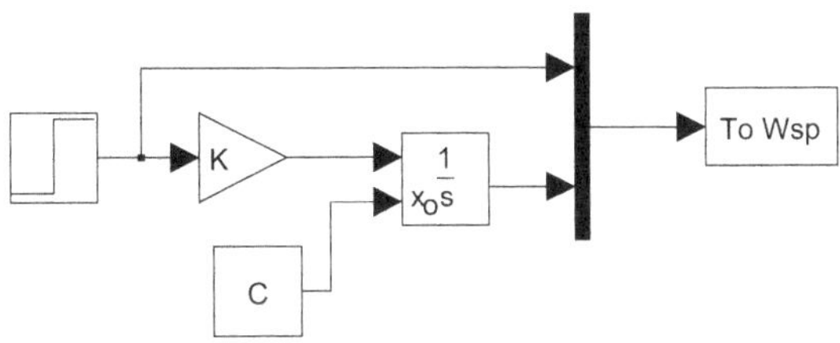

Abbildung 9.1: Integrator

dargestellt. Die Integrationskonstante C kann auch über die Maske eingegeben werden.

→ Es ist zweckmäßig sich folgenden Satz einzuprägen:

Der Eingang eines Integrators ist die erste Ableitung des Ausgangs.

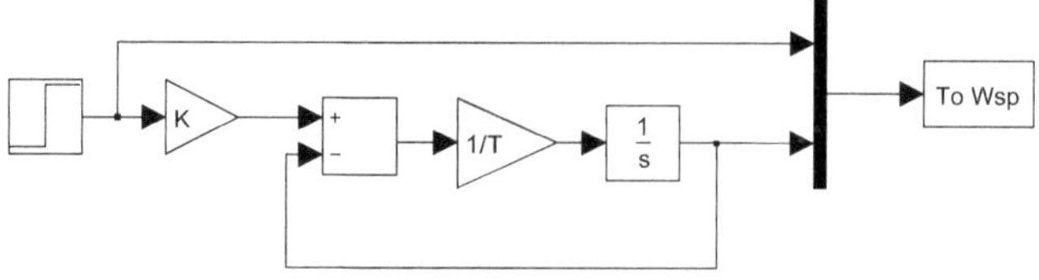

Modell einer DGL 1.Ordnung (dgl1.mdl)

Abbildung 9.2: Modell der DGL 1.Ordnung

9.2 Lineare Differentialgleichungen 1.Ordnung

$\rightarrow$ Es gilt folgende Gleichung:

$$T\frac{dy(t)}{dt} + y(t) = Kx(t) \quad \text{oder} \quad \frac{dy(t)}{dt} = \frac{1}{T}(Kx(t) - y(t)) \tag{9.3}$$

$\rightarrow$ Das Modell zur Lösung ist in Abbildung 9.2 dargestellt.

$\rightarrow$ Die Simulation hat Abbildung 9.3 zum Ergebnis.

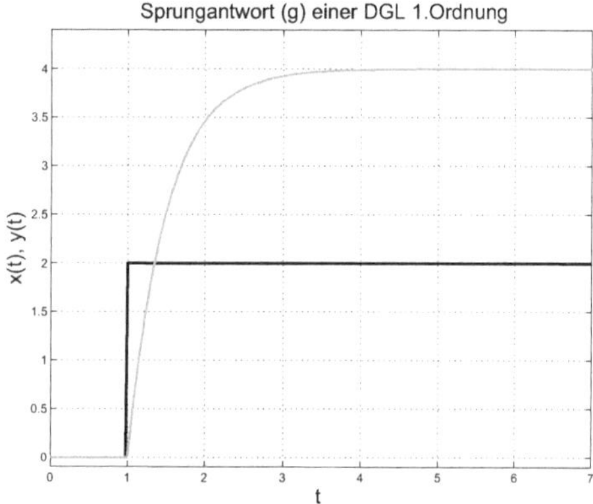

Abbildung 9.3: Simulationsergebnis

$\rightarrow$ Die L-Übertragungsfunktion für das System 1. Ordnung lautet:

$$H(s) = \frac{y(s)}{x(s)} = \frac{K}{1 + Ts} \tag{9.4}$$

$\rightarrow$ In *SIMULINK* kann man damit, wenn für die Integrationskonstante $C = 0$ gilt, auch folgendes Modell angeben:

34

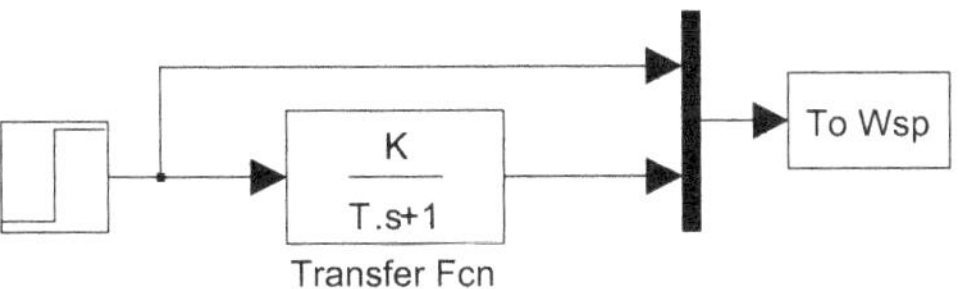

Abbildung 9.4: Modell der DGL 1.Ordnung mit L-Übertragungsfunktion

9.3 Lineare Differentialgleichungen 2.Ordnung

→ Eine Differentialgleichung zweiter Ordnung hat folgendes Aussehen:

$$T^2\frac{d^2y(t)}{dt^2} + 2dT\frac{dy(t)}{dt} + y(t) = Kx(t) \qquad (9.5)$$

→ Die Auflösung dieser Gleichung nach der höchsten Ableitung ergibt:

$$\frac{d^2y(t)}{dt^2} = \frac{K}{T^2}x(t) - \frac{2d}{T}\frac{dy(t)}{dt} - \frac{1}{T^2}y(t). \qquad (9.6)$$

→ Nun erhält man folgendes Modell:

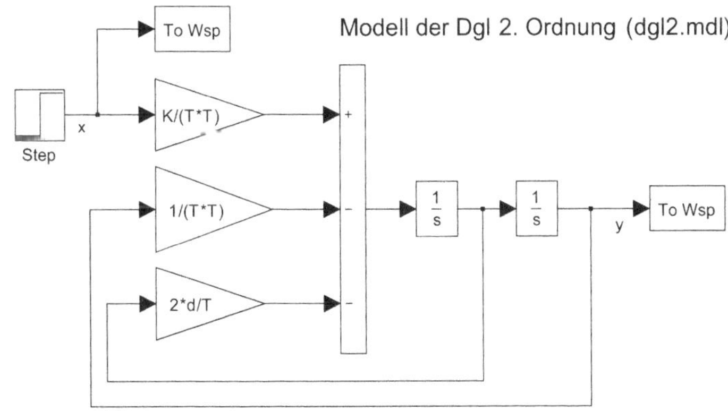

Abbildung 9.5: Modell der Dgl 2.Ordnung

→ Die Simulationsergebnisse kann man mit dem *Assistenten* ermitteln.

$\rightarrow$ Die L-Übertragungsfunktion wird nun für *verschwindende* Integrationskonstanten:

$$H(s) = \frac{K}{1 + 2dTs + T^2 s^2} \tag{9.7}$$

$\rightarrow$ Es existiert bei nichtverschwindenden Integrationskonstanten auch eine Lösung mit L-Übertragungsfunktionen. Diese ist aber viel aufwendiger als die direkte Methode.

$\rightarrow$ Die Modelle für Differentialgleichungen höherer Ordnung lassen sich auf entsprechende Weise ermitteln.

9.4 Zustandsdarstellung von linearen Differentialgleichungssystemen

$\rightarrow$ Wir betrachten ein zeitkontinuierliches System mit n Energiespeichern. Die Ordnung des Systems ist dann ebenfalls n.

$\rightarrow$ Die Dynamik des Systems wird durch die enthaltenen Energiespeicher bestimmt.

$\rightarrow$ Der Zustand des Systems wird durch *Zustandsgrößen* $x_i(t)$ beschrieben. Jede Größe steht mit einem Enrgiespeicher in Verbindung.

- Bei mechanischen Systemen sind dies *Geschwindigkeiten*, sie entsprechen einem Speicher für kinetischen Energie, und *Lagegrößen* als Maß für die potentielle Energie.
- Bei elektrischenSystemen benutzt man gerne Ströme durch Induktivitäten und Spannungen an Kondensatoren als Zustandsgrößen.
- Will man ein *SIMULINK* -Modell, wie z.B. das in Abbildung 9.7, als Zustandsdarstellung beschreiben benutzt man die Integratorausgänge als Zustandsgrößen.
- Die n Zustandsgrößen fasst man in einen $n \times 1$ *Zustandsvektor* zusammen:
$$X^T = (x_1(t)\ x_2(t)...x_n(t)) \tag{9.8}$$

$\rightarrow$ Ein System kann beliebig viele Eingänge, z.B. p haben. Diese Eingangsignale bilden zusammen den Vektor:

$$U^T = (u_1(t)\ u_2(t)...u_p(t)) \tag{9.9}$$

$\rightarrow$ Ebenso kann ein System beliebig viele Ausgänge, z.B. q haben. Diese Ausgangsignale bilden zusammen den Vektor:

$$Y^T = (y_1(t)\ y_2(t)...y_q(t)) \tag{9.10}$$

$\longrightarrow$ Eingangs-, Zustands- und Ausgangsgrößen können bei einem System alle miteinander verknüpft sein. Bei einem linearen System führt dies auf folgende Matrixgleichungen:

$$\begin{aligned}
\frac{X(t)}{dt} &= AX(t) + BU(t) \\
Y(t) &= CX(t) + DU(t)
\end{aligned} \qquad (9.11)$$

Man nennt:

$(n \times n) - Matrix\ A$: Transitionsmatrix
$(n \times p) - Matrix\ B$: Eingangsmatrix
$(q \times n) - Matrix\ C$: Ausgangsmatrix
$(q \times p) - Matrix\ D$: Durchgangsmatrix

$\longrightarrow$ Der *SIMULINK* -Block heißt *State-Space*. Siehe hierzu auch den Abschnitt *Demonstrationsbeispiele*.

9.5 Zahlenfolgen, zeitdiskrete Signale

$\longrightarrow$ Unter *Zahlenfolge* versteht man eine Folge von Zahlen, die zu festen Zeiten ermittelt wurden:

$$\begin{aligned}
(x) &= (x_0, x_1, x_2, ...x_n...) \quad \text{zu den Zeiten} \\
(t) &= (0, t_1, t_2, ...t_n...).
\end{aligned} \qquad (9.12)$$

$\longrightarrow$ Von äquidistanten Zahlenfolgen spricht man wenn stets $Ta = t_{i+1} - t_i = konst$ ist. Ta nennt man auch die Tastzeit.

$\longrightarrow$ Man kann zur Zahlenfolge (x) ein *zeitdiskretes* Signal und sein z-Transformierte angeben:

$$x^*(t) = \sum_{i=0}^{\infty} x_i \delta(t - iT) \quad \circ\!\!-\!\!\bullet \quad x(z) = \sum_{i=0}^{\infty} x_n z^{-n} \qquad (9.13)$$

$\longrightarrow$ In einen Computer kann beispielseise über einen periodisch gestarteten AD-Umsetzer aus einem zeitkontinuierlichen Signal eine Zahlenfolge erzeugen und abspeichern.

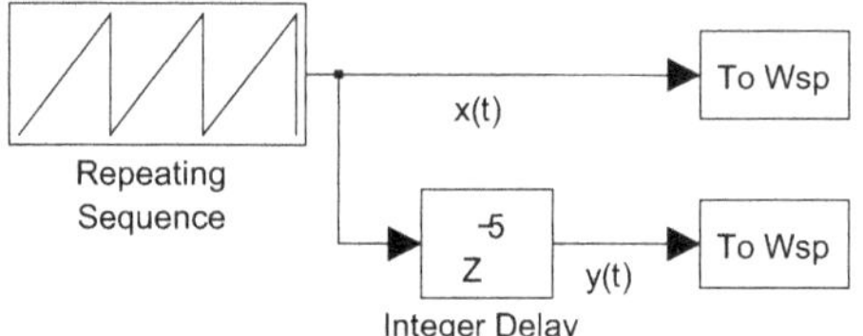

Abbildung 9.6: Signalverzögerung

9.6 Signalverzögerung

→ Zur Modellierung von Differenzengleichungen wird die Signalverzögerung benötigt.

→ Im Beispiel Abbildung 9.6 gilt $m = 5$.

Allgemein ist:

$$y^*(t) = x^*(t) * \delta(t - mT) \; \circ\!\!-\!\bullet \; y(z) = x(z)z^{-m}. \tag{9.14}$$

Mit dem Operator $*$ ist die Faltung gemeint.

→ Beim Block *Integer Delay* z^{-m} erscheint das Eingangssignal mT Taktschritte später am Ausgang.

→ Dieser Block wird auch *Laufzeit−* oder *Totzeitglied* genannt.

9.7 Lineare Differenzengleichung

→ Nun sei ein System gegeben, das aus einer *Eingangszahlenfolge (x)* eine *Ausgangszahlenfolge (y)* nach folgender Regel berechnet.

→ Für jeden Tastzeitpunkt, z.B. für nT wird berechnet:

$$\begin{aligned} y_n \; = \; & a_0 x_n \; + \; a_1 x_{n-1} + \; a_2 x_{n-2} \; + ... + \; a_N x_{n-N} \\ & + \; b_1 y_{n-1} + \; b_2 y_{n-2} \; + ... + \; b_M y_{n-M}. \end{aligned} \tag{9.15}$$

→ Die zu Formel 9.15 gehörige z-Übertragungsfunktion lautet:

$$H(z) = \frac{y(z)}{x(z)} = \frac{\sum\limits_{k=0}^{N} a_k z^{-k}}{1 - \sum\limits_{k=1}^{M} b_k z^{-k}} \tag{9.16}$$

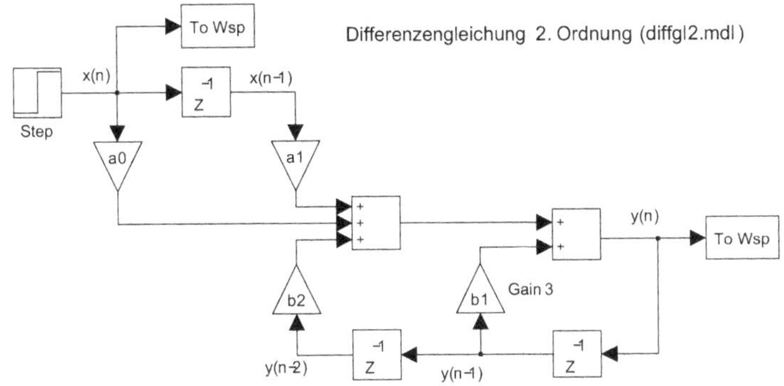

Abbildung 9.7: Differenzengleichung (diffgl2.mdl)

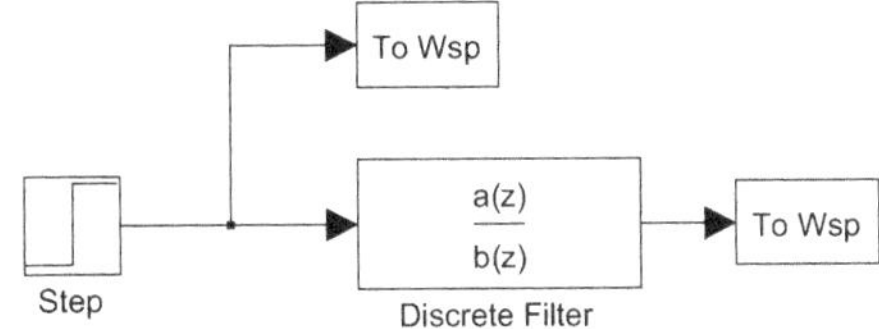

Abbildung 9.8: Differenzengleichung (diffTr.mdl)

→ Das Modell für $N = 1$ und $M = 2$ in Formel 9.15 zeigt Abbildung 9.7.

→ Eine weitere Lösung erhält man über die z-Übertragungsfunktion mit dem Modell nach Abbildung 9.8

→ Das Ergebnis der Simulationen kann man mit dem Programm *Assistent* betrachten.

9.8 Zeitdiskrete Integrationsformeln

$\rightarrow$ Für die Integration eines zeitkontinuierlichen Signals $x(t)$ schreibt man:

$$y(t) = y(0) + \int\limits_{t=0}^{t} x(t)dt. \tag{9.17}$$

$\rightarrow$ Der Wert des Integrals wird nur für Zeiten berechnet. Dann kann man schreiben:

$$y(t_a) = y(t_b) + \int\limits_{t_a}^{t_b} x(t)dt. \tag{9.18}$$

$\rightarrow$ Nun werden äquidistante Berechnungszeiten angenomme. Es sei $t_a = (n-1)T$ und $t_b = nT$. Weiter schreibt man $y_k = y(kT)$. T nennt man oft *Tastzeit*.

$\rightarrow$ Nun lässt sich Formel 9.18 schreiben

$$y_n = y_{n-1} + \int\limits_{t=(n-1)T}^{nT} x(t)dt = y_{n-1} + I_n. \tag{9.19}$$

Man berechnet ein Integral somit durch schrittweise Bestimmung von Teilintegralen.

$\rightarrow$ Das Teilintegral I_n kann im allgemeinen Fall nicht exakt berechnet werden. Die einfachsten drei Näherungen sollen hier besprochen werden.

- *Erstes Euler-Verfahren oder Rechteck-Prediktor (RP)*
  Das Integral I_n wird durch ein Rechteck $x_{n-1}T$ angenähert:

$$y_n = y_{n-1} + Tx_{n-1}. \tag{9.20}$$

  Für die z-Übertragungsfunktion wird:

$$F_{RP}(z) = \frac{Tz^{-1}}{1 - z^{-1}} \tag{9.21}$$

- *Zweites Euler-Verfahren oder Rechteck-Korrektor (RK)*
  Das Integral I_n wird wieder durch ein Rechteck x_nT angenähert:

$$y_n = y_{n-1} + Tx_n. \tag{9.22}$$

  Für die z-Übertragungsfunktion wird:

$$F_{RK}(z) = \frac{T}{1 - z^{-1}} \tag{9.23}$$

– *Verfahren nach Heun oder Korrektor-Trapezintegrationsformel (TK)*
Dieses Verfahren entsteht durch Mittelwertbildung aus den beiden Euler-
verfahren:

$$F_{TK}(z) = \frac{1}{2}(F_{RP}(z) + F_{RK}(z)) = \frac{T}{2}\frac{1+z^{-1}}{1-z^{-1}} \tag{9.24}$$

$\rightarrow$ Zur Implementierung dieser Integrationsformeln kann man den Block *Discrete Filter* benutzen.

$\rightarrow$ Mit dem Modell nach Abbildung 9.9 wurden die Beispiele in Abbildung 9.10 erzeugt.

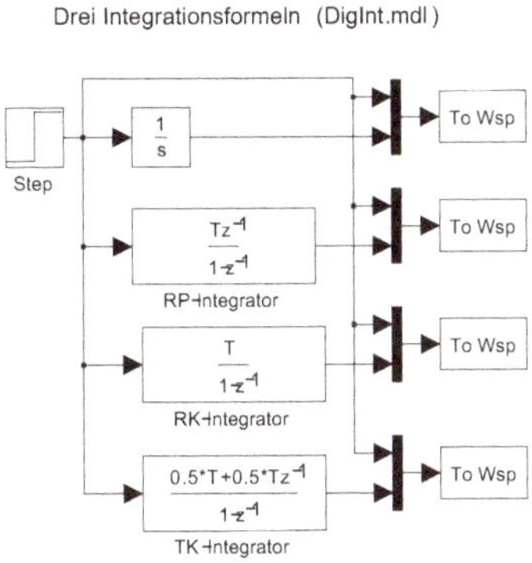

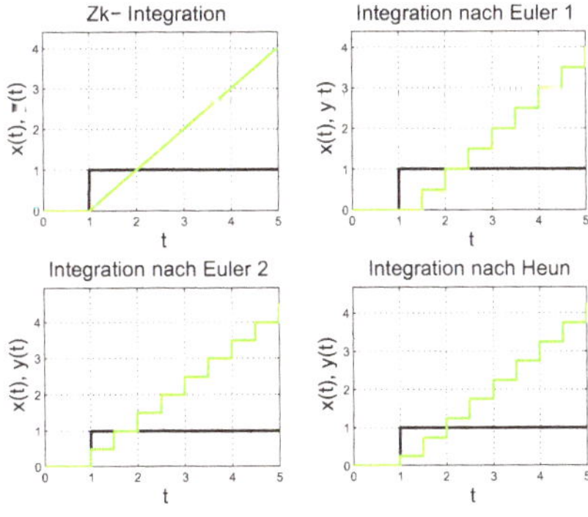

Abbildung 9.9: Drei Integrationsformeln

Abbildung 9.10: Beispiele zu den Integrationsformeln

$\rightarrow$ Diese drei Integrationsformeln sind auch als *Solver* implementiert.

9.9 Zustandsdarstellung von linearen Differenzengleichungssystemen

→ In Entsprechung zu Differentialgleichungssystemen kann man auch hier eine Systembeschreibung mit einem Satz von linearen Differenzengleichungen 1. Ordnung angeben.

→ Die Rolle der Energiespeicher übernehmen jetzt die Laufzeitglieder. Ihre Ausgangssignale spielen jetzt die Rolle der Zustandsgrößen. Sind n Laufzeitglieder vorhanden, so lauten die Zustandsgrößen für den Zeitpunkt $t = kT$:

$$X_k^T = (x_1(kT)\ x_2(kT)...x_n(kT)) \tag{9.25}$$

→ Ein System kann beliebig viele Eingänge, z.B. p haben. Diese Eingangsignale bilden zusammen den Vektor:

$$U_k^T = (u_1(kT)\ u_2(kT)...u_p(kT)) \tag{9.26}$$

→ Ein System kann beliebig viele Ausgänge, z.B. q haben. Diese Ausgangsignale bilden zusammen den Vektor:

$$Y_k^T = (y_1(kT)\ y_2(kT)...y_q(kT)) \tag{9.27}$$

→ Für lineare Differenzenhgleichungssysteme kann man dann folgende Zustandsdarstellung angeben:

$$\begin{aligned} X_{n+1} &= A_d X_n + B_d U_n \\ Y_n &= C_d X_n + D_d U_n \end{aligned} \tag{9.28}$$

→ Man nennt:

$(n \times n) - Matrix\ A_d$: Dynamik- oder Systemmatrix
$(n \times p) - Matrix\ B_d$: Eingangsmatrix
$(q \times n) - Matrix\ C_d$: Ausgangsmatrix
$(q \times p) - Matrix\ D_d$: Durchgangsmatrix

→ Der *SIMULINK* -Block heißt *Discrete State-Space*.

9.10 Algebraische Schleife

$\rightarrow$ Gegeben sei folgendes Modell:

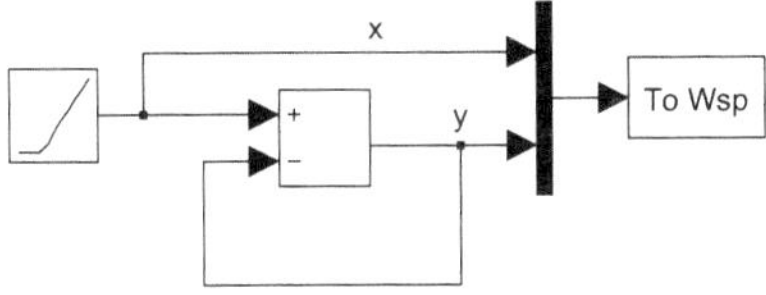

Algebraische Schleife

Abbildung 9.11: Algebraische Schleife

$\rightarrow$ Rechnerisch müsste sich aus dem Signalflußbild ergeben:

$$y = x - y \quad \text{und daraus:} \quad y = \frac{x}{2} \tag{9.29}$$

$\rightarrow$ Mit Simulink ist diese Berechnung nicht auf die gezeigte Weise möglich, da die Berechnung zeitdiskret erfolgt. Zu einem Berechnungszeitpunkt müssten aber die Eingänge des Additionsblocks bekannt sein um den Ausgang berechnen zu können. Die ist aber hier nicht der Fall.

$\rightarrow$ In Simulink behilft man sich mit dem Einbau einer Signalverzögerung:

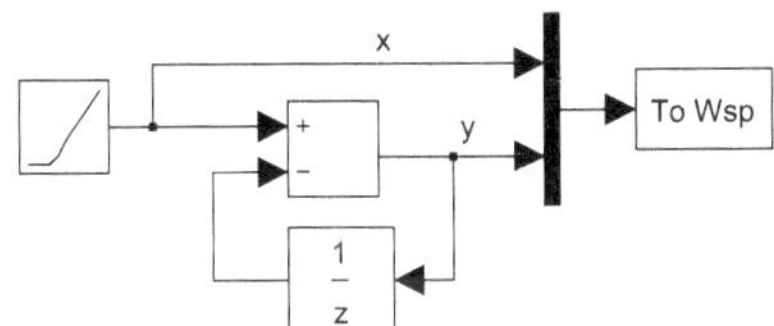

Behebung einer algebraische Schleife
durch Verzögerung (AlgebrSchl.mdl)

Abbildung 9.12: Korrigierte algebraische Schleife

10 Differentialgleichungen

10.1 Pendel

10.1.1 Ideales Pendel

→ Das ideale Pendel lässt sich folgendermaßen beschreiben:

- Ein Massepunkt m ist mit einer masselosen Schnur der Länge l mit einem Aufhängepunkt fest verbunden. Er hängt in Richtung der Schwerkraft.

- Lenkt man dieses Gebilde, bei gespannter Schnur, um einen Winkel φ_0 aus und lässt es dann los, wird es eine Schwingung in einer Ebene ausführen. Bei dieser Bewegung sollen keine Dämpfungskräfte wirken.

- Als positive Richtung wird der Gegenuhrzeigersinn festgelegt.

→ Das Trägheitsmoment Θ und das Drehmoment M, bezogen auf den Aufhängepunkt werden

$$\Theta = ml^2 \quad \text{und} \quad M = -l(t)mg sin(\varphi). \tag{10.1}$$

→ Aus dem Drallsatz ergibt sich:

$$\frac{d\omega}{dt} = \frac{d^2\varphi}{dt^2} = \frac{M}{\Theta} = -\frac{g}{l(t)} sin(\varphi). \tag{10.2}$$

→ Dieses stark idealisierte Pendel wird durch eine nichtlineare Differentialgleichung 2. Ordnung beschrieben. Das $SIMULINK$-Modell für $l(t) = L = konst.$ ist in Abbildung 10.1 dargestellt.

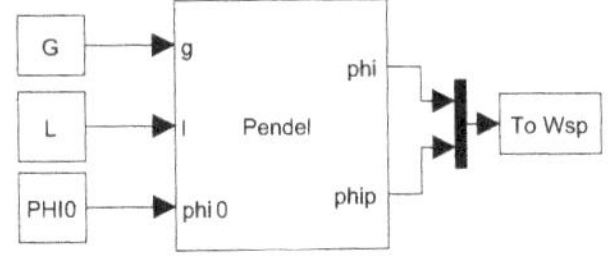

Abbildung 10.1: Modell eines Pendels

$\rightarrow$ Das Subsystem ist in Abbildung 10.6 dargestellt.

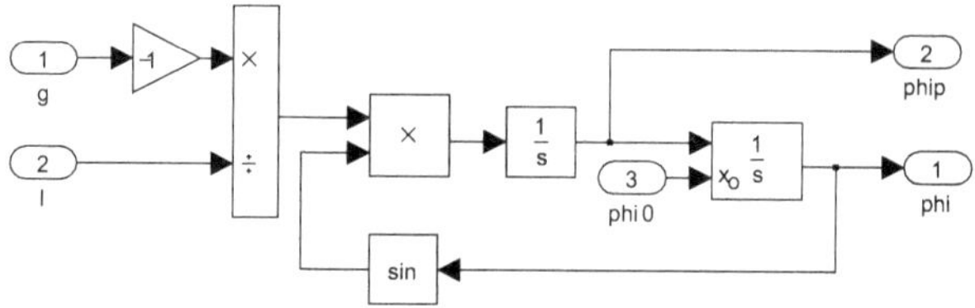

Modell des reibungsfreien Fadenpendels

Abbildung 10.2: Subsystem Pendel

$\rightarrow$ Der Ablauf des Modells liefert:

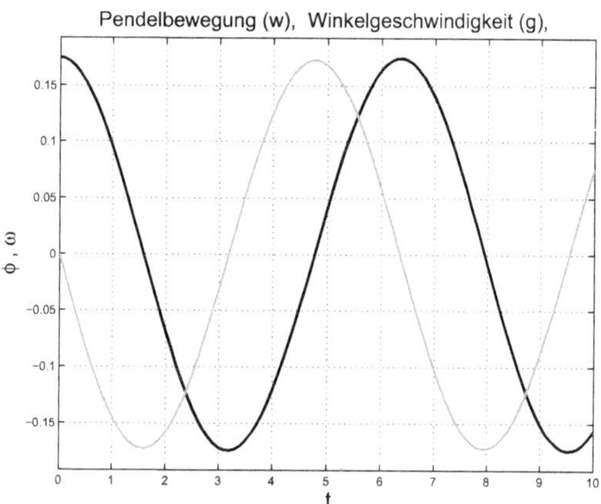

Abbildung 10.3: Pendelschwingung

$\rightarrow$ Man sieht deutlich die Energieerhaltung bei dieser Schwingung.

10.1.2 Pendel mit parametrischer Anregung

$\rightarrow$ Unter *parametrischer Anregung* versteht man die gezielte Veränderung eines Parameters in der Differentialgleichung nach Formel 10.2

$\rightarrow$ Es soll die Pendellänge l während der Schwingung in Abhängigkeit von Auslenkung und Winkelgeschwindigkeit verändert werden.

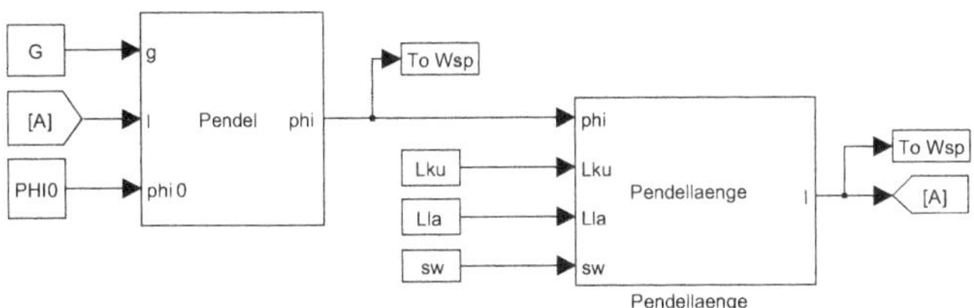

Abbildung 10.4: Erweitertes Modell

→ Um diese Möglichkeit simulieren zu können, wird das Modell nach Abbildung 10.1 um ein Subsystem erweitert. Es entsteht das Modell nach Abbildung 10.4.

→ Das Subsystem ist in Abbildung 10.5 dargestellt.

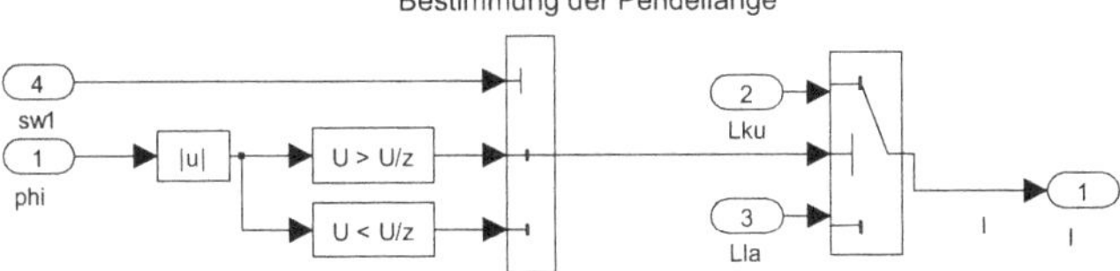

Abbildung 10.5: Bestimmung der Pendellänge

→ Die Pendellänge wird wie folgt eingestellt:

sw=	$|\varphi|$	Pendellänge
1	steigend	kurz
2	fallend	lang

→ Es können weitere Methoden zur Veränderung der Pendellänge in Abhängigkeit von φ und ω untersucht werden.

10.2 Van der Pol'sche Differentialgleichung

→ Im Jahre 1927 stellte der niederländische Pysiker Balthasar van der Pol die nach ihm benannte nichtlineare Differentialgleichung auf. Sie lautet:

$$\frac{d^2x(t)}{dt^2} - c(1 - x^2(t))\frac{dx(t)}{dt} + x(t) = f(t) \tag{10.3}$$

$\rightarrow$ Sie beschreiben ein schwingungsfähiges System mit nichtlinearer Dämpfung und Selbsterregung. Es kann nicht chaotisch werden.

$\rightarrow$ Das Modell ist:

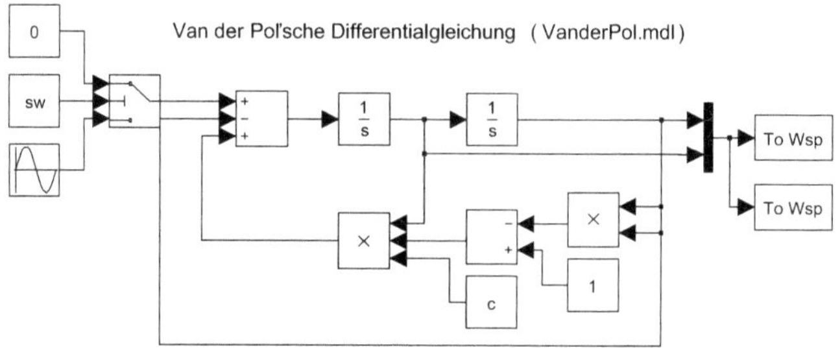

Abbildung 10.6: Modell

Das Modell stellt für $sw = 1$ die homogene- und für $sw = 2$ die inhomegene Differentialgleichung dar.

$\rightarrow$ Die Abbildung 10.7 stellt die homogene Lösung für $c = 1$ dar.

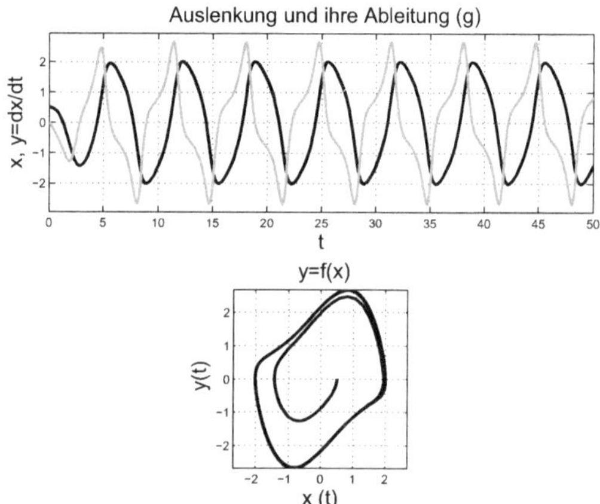

Abbildung 10.7: Eine Lösung der homogenen Van der Pol'schen Differentialgleichung

$\rightarrow$ Es wird empfohlen für die homogene und inhomogene Differetialgleichung bei verschiedenem Parameter c die Lösungskurven zu studieren.

11 Differenzengleichungen

11.1 Sinus-, Cosinusgenerator

$\rightarrow$ Im Gegensatz zu den Signalgeneratoren bei *SIMULINK* soll ein Signalgenerator entworfen werden, bei dem Frequenz und Amplitude der Schwingungen als Signale vorgegeben werden können.

$\rightarrow$ Ausgangspunkt ist das Additionstheoremen:

$$
\begin{aligned}
sin(\alpha + \beta) &= \; sin(\alpha)cos(\beta) + cos(\alpha)sin(\beta) \\
cos(\alpha + \beta) &= -\; sin(\alpha)sin(\beta) + cos(\alpha)cos(\beta).
\end{aligned}
\tag{11.1}
$$

$\rightarrow$ Nun wird substituiert:

$$
\alpha = (n-1)\omega T \quad \beta = \omega T \quad \alpha + \beta = n\omega T \quad a = cos(\omega T) \quad b = sin(\omega T).
\tag{11.2}
$$

Aus Formel 11.1 folgt:

$$
\begin{pmatrix} sin(n\omega T) \\ cos(n\omega T) \end{pmatrix} = \begin{pmatrix} a & b \\ -b & a \end{pmatrix} \begin{pmatrix} sin((n-1)\omega T) \\ cos((n-1)\omega T) \end{pmatrix}.
\tag{11.3}
$$

Der Ausgang des Systems ergibt sich dann zu

$$
x = A \begin{pmatrix} sin(n\omega T) \\ cos(n\omega T) \end{pmatrix}.
\tag{11.4}
$$

$\rightarrow$ Eine erste Lösung ist:

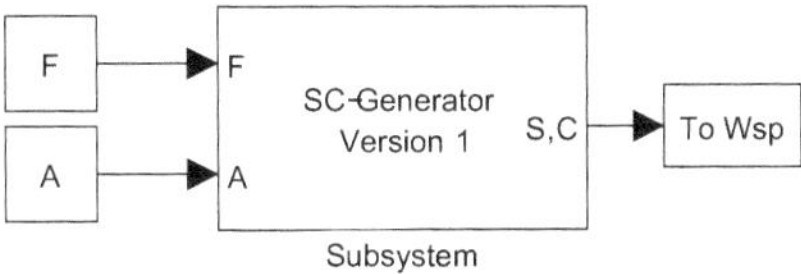

Abbildung 11.1: Modell eines SC-Generators

→ Für das Subsystem ist:

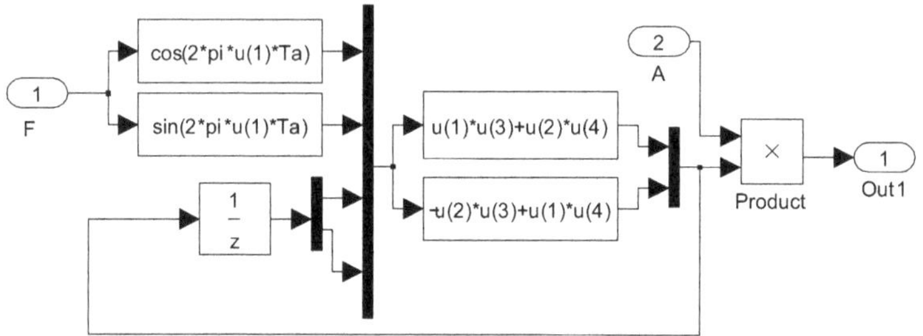

Abbildung 11.2: Subsystem für SC-Generators

Der Block *Fcn* wurde viermal verwendet.

→ Ein Simulationslauf ergab:

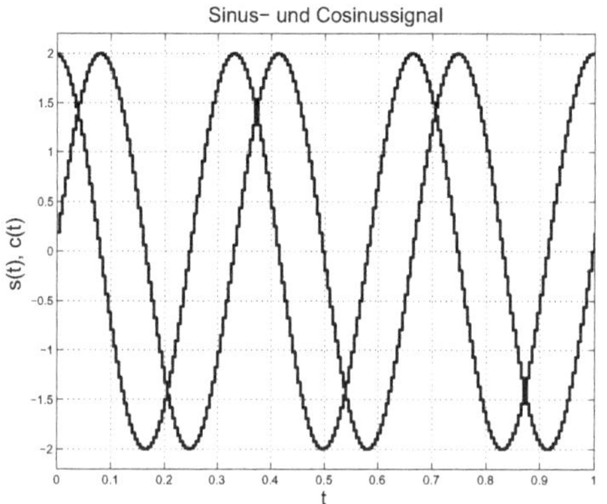

Abbildung 11.3: Ausgang des SC-Generators

→ Man kann dieses Problem besser mit einer S-Funktion lösen. Diese lautet:

```
% S-function zur Implementierung eines Sinus-Cosinus-Generators.
% Eingangsvektor: u=[Frequenz, Amplitude].
% Ausgangsvektor: y=[Sinus-, Cosinussignal].
% Parameter:      Tastzeit T.
%
```

```
function [sys,x0,str,ts] = sfscgen(t,x,u,flag,T)
global k
switch flag,
case 0,    [sys,x0,str,ts]=initzdsf(2,2,2,T,[0 1]); k=2*pi*T;
case 2,    s=sin(k*u(1));c=sqrt(1-s*s);A=[c s; -s c]; sys=A*x;
case 3,    sys=x*u(2);
case 9,    sys=[];
otherwise, error(['Nichtgenutzte Flags: ',num2str(flag)]);
end;
```

$\rightarrow$ Das Modell ist jetzt:

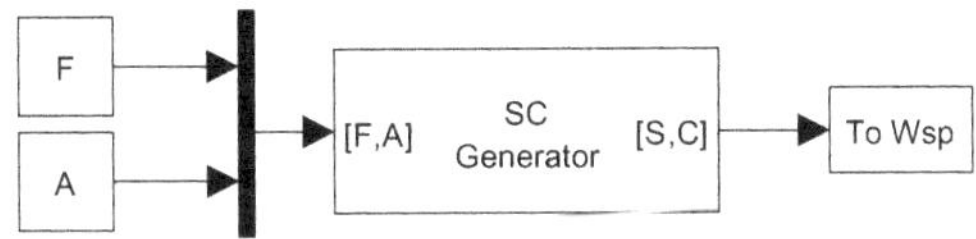

Abbildung 11.4: Modell eines SC-Generators

$\rightarrow$ Die Ergebnisse eines Simulationslaufs entsprechen denen von Abbildung 11.3.

11.2 Amplitudenmodulator

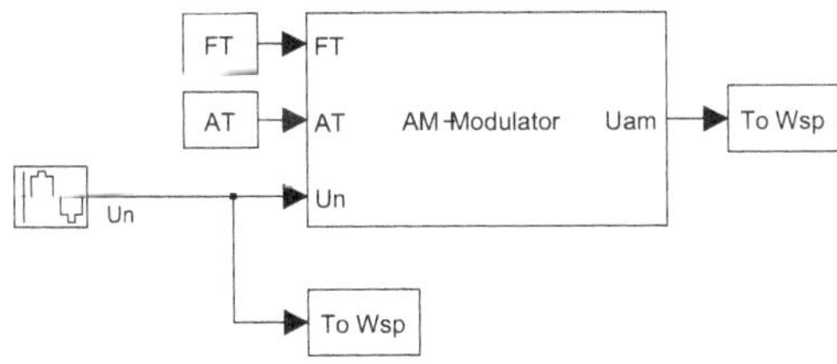

Abbildung 11.5: Testumgebung des Amplitudenmodulators

$\rightarrow$ Unter *Amplitudenmodulation* versteht man ein Verfahren bei dem einem sinusförmigen Trägersignal mit Frequenz f_T und Amplitude A_T ein Nutzsignal
$u_N(t)$ aufgeprägt wird. Für das Ergebnis der AM-Modulation gilt:

$$s_{AM}(t) = (A_T + u_N(t))sin(2\pi f_T) \tag{11.5}$$

→ Ein Beispiel für das Nutzsignal ist:

$$u_N(t) = A_s cos(2\pi f_s t) \tag{11.6}$$

→ Nun soll mit dem vorstehend beschriebenen SC-Generator ein *Amplitudenmodulator* gebaut werden. Die Abbildung 11.7 zeigt seine Testumgebung.

→ Die Abbildung 11.6 zeigt das Subsystem Amplitudenmodulator.

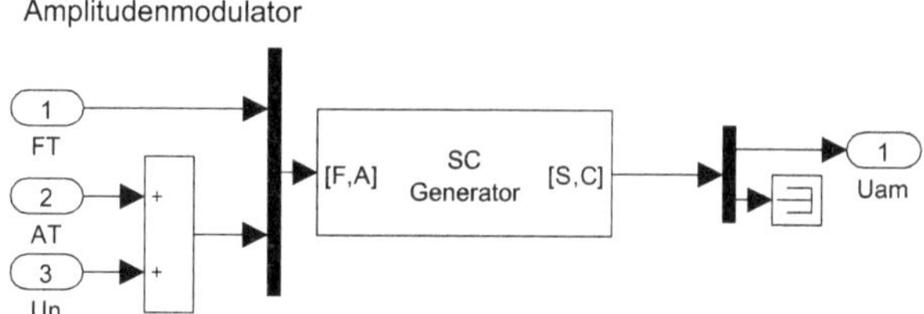

Abbildung 11.6: Subsystem des Amplitudenmodulators

→ Ein Beispiel ist:

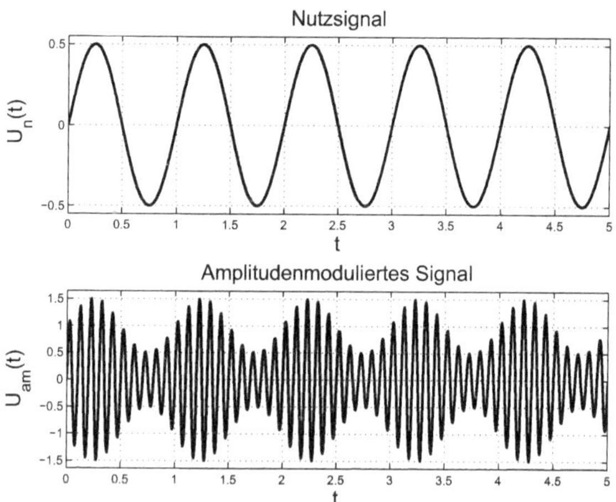

Abbildung 11.7: Ergebnis eines Testlaufs

Der Wert der Parameter hierfür ist:
AS=0.5, FS=1[Hz], AT=1, FT=10[Hz]

11.3 Generator für nahezu beliebige Signale

→ Es soll nun ein Signalgenerator entworfen werden der nahezu beliebig viele
Signalformen erzeugen kann.

→ Er basiert auf der Lösung einer Differenzengleichung

$$y(l) = \sum_{m=0}^{Z} a_m u(l - m) + \sum_{n=1}^{N} b_n y(l - n). \tag{11.7}$$

→ Diese Differenzengleichung entspricht der z-Übertragungsfunktion

$$F(z) = \frac{y(z)}{u(z)} = \frac{\sum\limits_{m=0}^{Z} a_m z^{-m}}{1 - \sum\limits_{n=1}^{N} b_n z^{-n}} \tag{11.8}$$

→ Mit dem Koeffizientenvektor

$$K^T = [a_0 \; a_1 \; a_2 \; ... \; a_Z \; b_1 \; b_2 \; ... \; b_N] \tag{11.9}$$

und dem Signalvektor zum Zeitpunkt lT

$$V_l = [u_l \; u_{l-1} \; u_{l-2} \; ... \; u_{l-Z+1} \; u_{l-Z} \; y_{l-1} \; y_{l-2} \; ... \; y_{l-N+1} \; y_{l-N}] \tag{11.10}$$

wird dann

$$y(l) = V_l K. \tag{11.11}$$

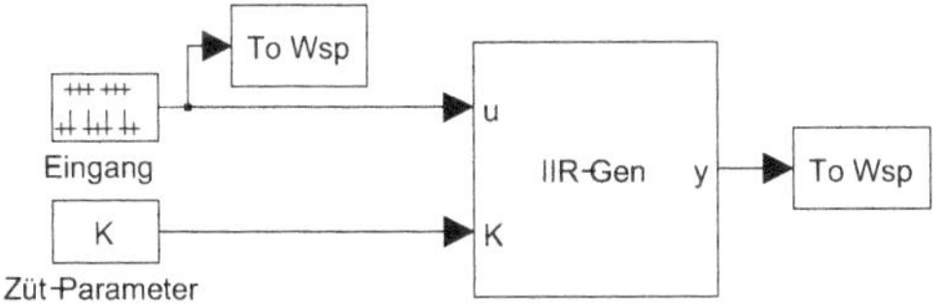

Abbildung 11.8: Testumgebung

→ Für den Signalvektor zum nächsten Zeitpunkt wird dann

$$V_{l+1} = [u_{l+1} \; u_l \; u_{l-1} \; u_{l-2} \; ... \; u_{l-Z+1} \; y_l \; y_{l-1} \; y_{l-2} \; ... \; y_{l-N+1}]. \tag{11.12}$$

$\rightarrow$ Durch Festlegung eines Koeffizientenvektors und eines Vektors für die Eingangssignale u kann man unterschiedliche Ausgangssignale $y(l)$ erzeugen.

$\rightarrow$ Die Testumgebung für den Generator zeigt Abbildung 11.8.

$\rightarrow$ Den eigentlichen Signalgenerator zeigt Abbildung 11.9

$\rightarrow$ Für die Daten
```
N=3, Z=1; K=[1, 0.3, 0.25, -0.78, 0, 0.5];
Per=30; Pw=10; Ta=0.01; Te=0.01; Ts=1;
```
zeigt Abbildung 11.10 das Ergebnis eines Testlaufs.

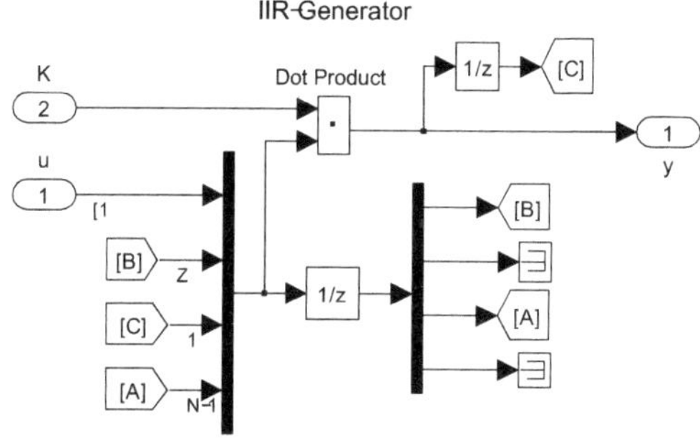

Abbildung 11.9: Generator

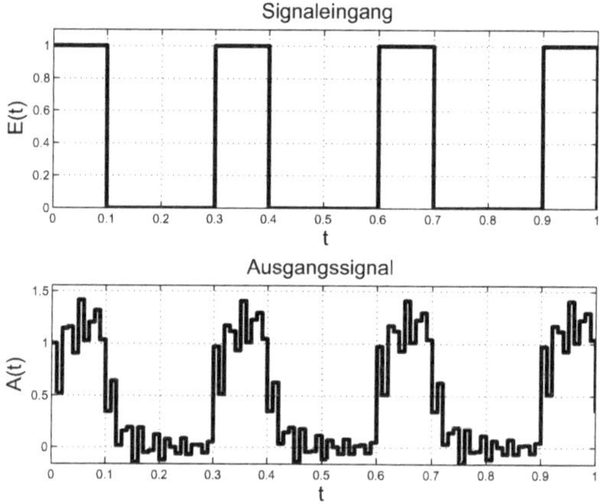

Abbildung 11.10: Ergebnis eines Testlaufs

12 Zustandsdarstellung zeitkontinuierlicher Systeme

→ Gegeben ist ein elektrisches Netzwerk gemäß Abbildung 12.1.

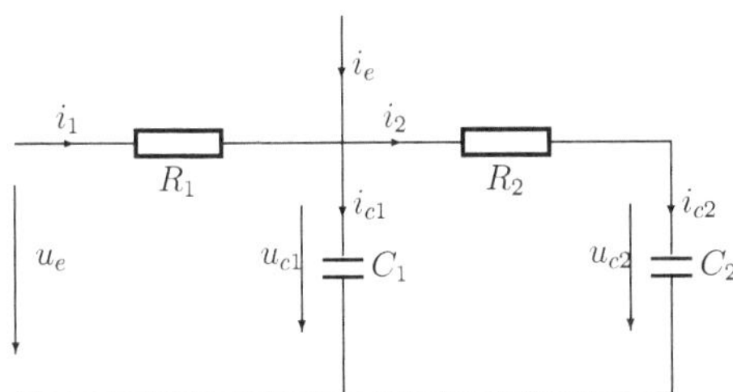

Abbildung 12.1: RC-Schaltung

Die Spannung u_e und der Strom i_e werden dem System aufgeprägt. Die Ausgangssignale seien die Kondensatorspannungen. Diese sollen auch als Zustandsgrößen dienen.

→ Es gilt:

$$
\begin{aligned}
i_{C1} &= \dot{u}_{C1} C_1 \\
i_{C2} &= \dot{u}_{C2} C_2 \\
i_e + i_1 &= \dot{u}_{C1} C_1 + \dot{u}_{C2} C_2 \\
u_e &= i_1 R_1 + u_{C1} \rightarrow i_1 = \frac{u_e - u_{C1}}{R_1} \\
u_{C1} &= R_2 C_2 \dot{u}_{C2} + u_{C2}.
\end{aligned}
\tag{12.1}
$$

→ Nun kann man für die Ableitungen berechnen:

$$
\begin{aligned}
\dot{u}_{C2} &= \frac{u_{C1} - u_{C2}}{R_2 C_2} \\
\dot{u}_{C1} &= -\frac{u_{C1} - u_{C2}}{R_2 C_1} + \frac{i_e}{C_1} + \frac{u_e - u_{C1}}{R_1 C_1}.
\end{aligned}
\tag{12.2}
$$

→ Nun werden Abkürzungen eingeführt:

$$
a_{11} = \frac{1}{R_1 C_1}, \quad a_{22} = \frac{1}{R_2 C_2}, \quad a_{21} = \frac{1}{R_2 C_1}, \quad a_{01} = \frac{1}{C_1}
\tag{12.3}
$$

→ Damit ist die Zustandsdarstellung ermittelt. Es ergibt sich:

$$
\begin{pmatrix} \dot{u}_{C1} \\ \dot{u}_{C2} \end{pmatrix} = \begin{pmatrix} -a_{11} - a_{21} & a_{21} \\ a_{22} & -a_{22} \end{pmatrix} \cdot \begin{pmatrix} u_{C1} \\ u_{C2} \end{pmatrix} + \begin{pmatrix} a_{11} & a_{01} \\ 0 & 0 \end{pmatrix} \begin{pmatrix} u_e \\ i_e \end{pmatrix}.
\tag{12.4}
$$

Für die Ausgangssignale wird

$$\begin{pmatrix} u_1 \\ u_2 \end{pmatrix} = \begin{pmatrix} 0 & 1 \\ 1 & 0 \end{pmatrix} \begin{pmatrix} u_{C1} \\ u_{C2} \end{pmatrix} + \begin{pmatrix} 0 & 0 \\ 0 & 0 \end{pmatrix} \begin{pmatrix} u_e \\ i_e \end{pmatrix}. \tag{12.5}$$

$\rightarrow$ Für die Modellbildung werde diese Gleichungen geschrieben:

$$\begin{pmatrix} \dot{u}_{C1} \\ \dot{u}_{C2} \end{pmatrix} = A \begin{pmatrix} u_{C1} \\ u_{C2} \end{pmatrix} + B \begin{pmatrix} u_e \\ i_e \end{pmatrix} \tag{12.6}$$

$$\begin{pmatrix} u_1 \\ u_2 \end{pmatrix} = C \begin{pmatrix} u_{C1} \\ u_{C2} \end{pmatrix} + D \begin{pmatrix} u_e \\ i_e \end{pmatrix}. \tag{12.7}$$

$\rightarrow$ Mit der Funktion *zustbekom_dat* werden für

$$R_1 = 1E + 6[\Omega], \ R_2 = 5E + 6[\Omega], \ C_1 = 1.0E - 6[\mu F], \ C_2 = 1e - 6[\mu F]$$

nach Formel 12.3 die Matrizen A, B, C, D berechnet und in den Basiworkspace geschrieben.

$\rightarrow$ Das Modell zeigt Abbildung 12.2.

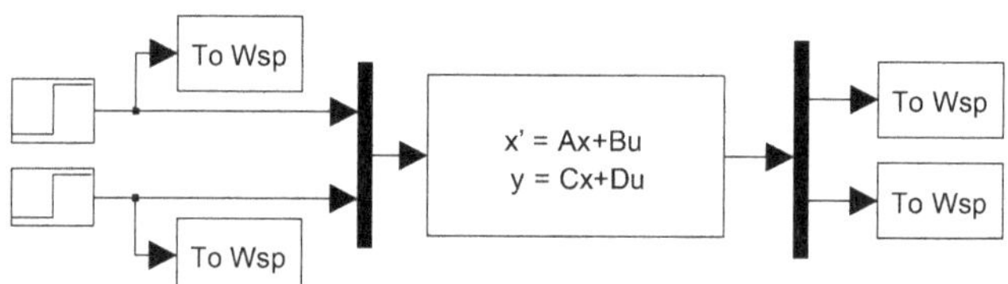

Abbildung 12.2: Modell

$\rightarrow$ Die Abbildung 12.3 zeigt die Simulationsergebnisse.

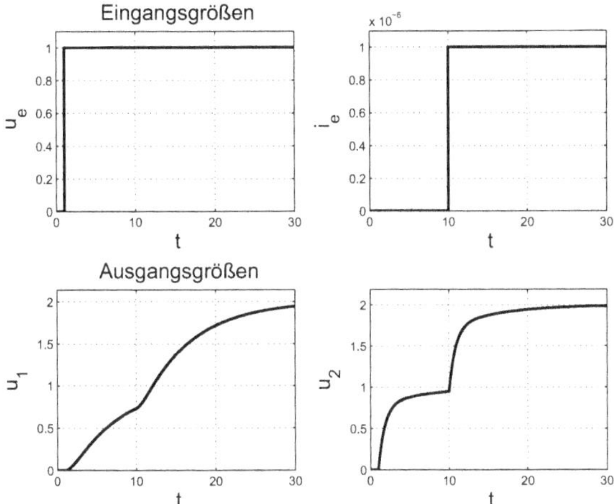

Abbildung 12.3: Numerische Lösung

13 Simulation eines Regelkreises

13.1 Einführung in die Regelungsaufgabe

$\rightarrow$ Ausgegangen wird von einem zeitkontinuierlichen System, das als sogenannte *Regelstrecke*, oft nur Strecke genannt, betrachtet wird. Die Aufgabe der Regelungstechnik besteht nun darin, das Ausgangssignal dieser Strecke möglichst schnell auf einen Sollwert, der Führungsgröße $w(t)$, einzustellen und diesen Wert am Ausgang unter allen Umständen zu halten. Dazu kann man den Streckeneingang $y(t)$ in geeigneter Weise verändern.

$\rightarrow$ Diese Aufgabe wird mit einem Regler durchgeführt, an dessen Eingang die Regeldifferenz $x_d(t) = w(t) - x(t)$ aus Führungsgröße und der Regelgröße anliegt. Der Regler ist geeignet zu konstruieren, so dass aus der Regeldifferenz die Stellgröße $y(t)$ so gebildet wird, dass die Regelaufgabe erfüllt wird, und zwar auch dann, wenn Störungen $s_n(t)$ angreifen.

$\rightarrow$ Die Zusammenhänge sind in einem Blockschaltbild in Abbildung 13.1 dargestellt.

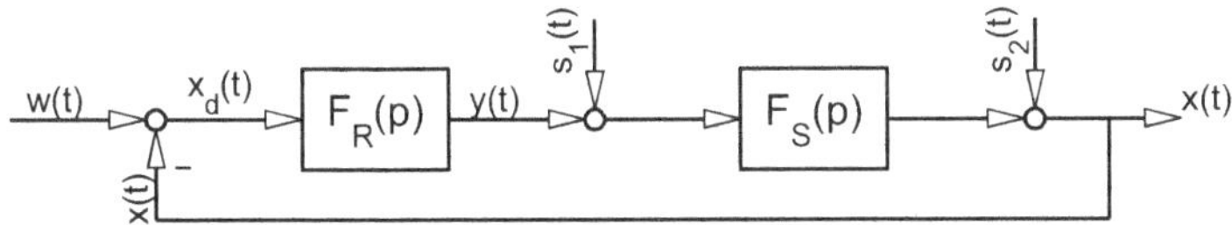

Abbildung 13.1: Blockschaltbild des zeitkontinuierlichen Regelkreises

Man spricht von einem *einschleifigen zeitkontinuierlichen und linearen Regelkreis*, bei dem der Regler und die Strecke durch ihre Laplace-Übertragungsfunktionen $F_R(p)$ und $F_S(p)$ beschrieben sind.

$\rightarrow$ Ersetzt man den zeitkontinuierlichen Regler durch die Kette *AD-Umsetzer, zeitdiskreter Regler, DA-Umsetzer* erhält man eine *digitale Regelung*.

13.2 Modellbildung des zeitkontinuierlichen Regelkreises

$\rightarrow$ Das Blochschaltbild in Abbildung 13.1 kann man direkt in ein Modell umsetzen, siehe Abbildung 13.2.

$\rightarrow$ Es wurde eine P-Strecke mit drei Verzögerungen (PT_3) realisiert. Für sie gilt:

$$F_s(p) = \frac{K_1}{1 + pT_1} \frac{K_2}{1 + pT_2} \frac{K_3}{1 + pT_3} \tag{13.1}$$

Das Streckenmodell ist in Abbildung 13.3 dargestellt. Dabei wurde nur die Störgröße z_2 realisiert.

$\rightarrow$ Als Regler wird ein PI-Regler eingesetzt. Für ihn gilt:

$$F_{PI} = K_R + \frac{K_I}{p} = K_I \frac{1 + T_I p}{p} \quad \text{Mit} \quad T_I = \frac{K_R}{K_I} \tag{13.2}$$

Zeitkontinuierliche PI-Regelung einer PT 3-Strecke (Regzk.mdl)

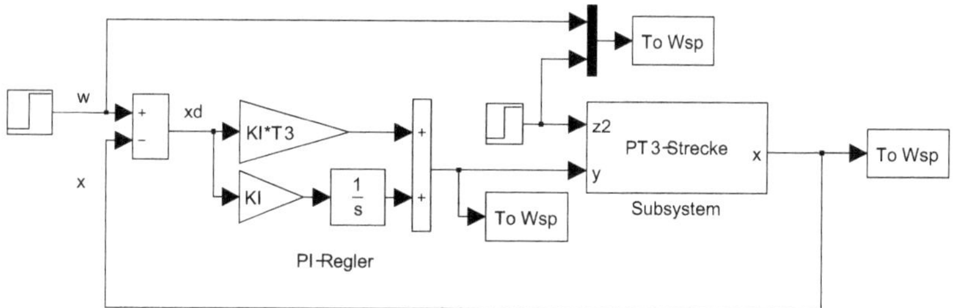

Abbildung 13.2: Modell des zeitkontinuierlichen Regelkreises

PT3 -Strecke

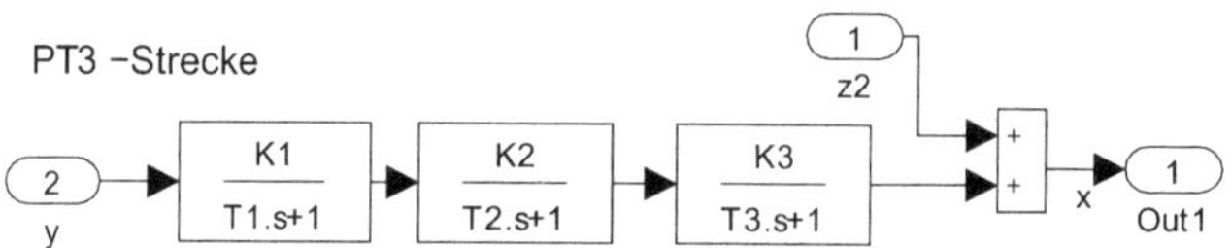

Abbildung 13.3: Subsystem PT3-Regelstrecke

Ein Simulationslauf liefert für die Daten:

```
K1=1, K2=2, K3=3, T1=1[s], T2=0.5[s], T3=3[s],
KI=0.06[1/s],
Ta=0.1[s], Te=0.1[s], Ts=40[s],
```

das Ergebnis nach Abbildung 13.4.

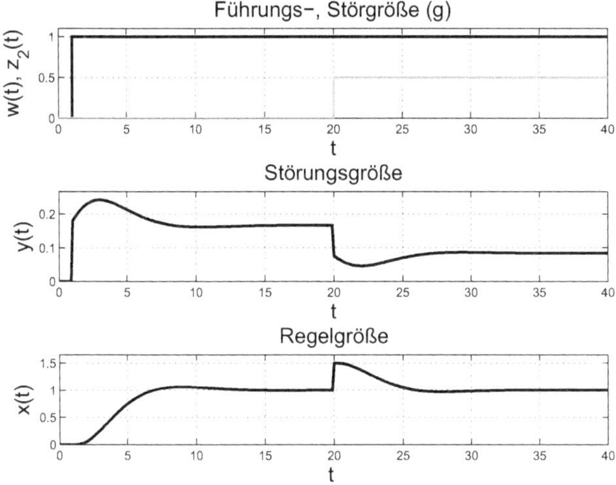

Abbildung 13.4: Simulationsergebnisse

$\rightarrow$ Durch Veränderung von K_I kann man die Simulationsergebnisse verändern.

13.3 Modellbildung des digitalen Regelkreises

$\rightarrow$ Das Modell für die Regelung mit einem digitalen Regler zeigt Abbildung 13.5

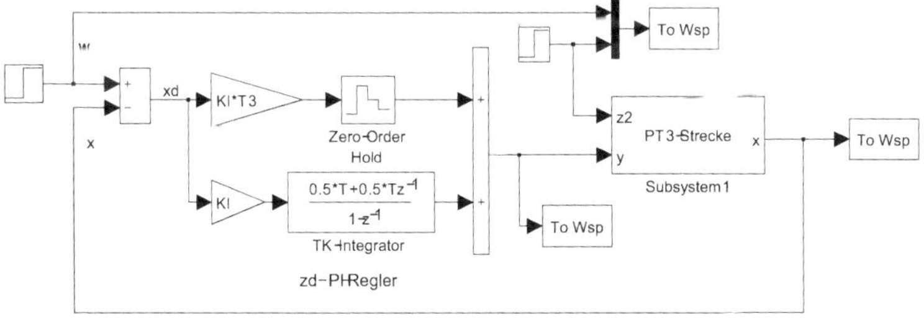

Abbildung 13.5: Modell der Regelung mit digitalem Regler

$\rightarrow$ Die Abbildung 13.6 zeigt, mit den gleichen Parametern wie bei der zk-Regelung, für die Reglertastzweit $T = 1[s]$ ein Simulationsergebnis.

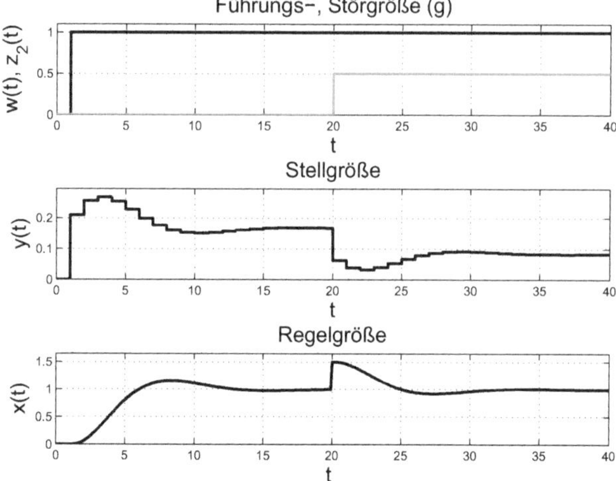

Abbildung 13.6: Simulationsergebnisse

Teil I

Anhänge

14   Abkürzungen

In den vorstehenden Texten werden Abkürzungen benutzt:

→   MCW: Matlab Command Window,

→   MOW: MOdel Window,

→   WSW: WorkSpace Window,

→   SUW: SUbsystem Window,

→   LMT: Linke Maus-Taste,

→   DoLMT: Doppelklick mit LMT,

→   RMT: Rechte Maus-Taste,

→   KEY: Keyboard,

→   SLB: Simulink Library Browser,

→   Mar: Markieren eines Blocks durch Drücken der LMT über dem Block. Markieren eines Modellteils durch Aufziehen eines Rechtecks bei gedrückter LMT.

Beispielsweise bedeutet

Mar/MOW/Format/Background:

Markiere einen Block, gehe dann im Modellfenster auf den Menupunkt *Format* des Menubars. Kommandiere dort *Background*.

15 Download der Software

$\rightarrow$ In einem Verzeichnis SIMU.zip sind in den Unterverzeichnissen *Modelle* und *Utility* alle besprochenen Programme, Modelle zusammengefasst.

$\rightarrow$ Dieses Verzeichnis kann man unter

http://www.itchy-design.de/H_Roderer_SIMU.zip

herunterladen.

$\rightarrow$ Es werden Funktionen benutzt, die in der Schrift *Grafische Benutzerschnittstelle für Matlab* beschrieben sind. Diese Schrift ist ebenfalls im $GRIN - Verlag$ erschienen.

$\rightarrow$ Es muss daher ein weiteres Verzeichnis

http://www.itchy-design.de/H_Roderer_UICN.zip

heruntergeladen werden.

$\rightarrow$ Die Verzeichnisse $SIMU$ und $UICN$ müssen in den Suchpfad Ihrer $MATLAB$ -Installation aufgenommen werden.

$\rightarrow$ Nach dem Neustart Ihrer $MATLAB$-Installation sollten Sie nun das Programm *Assistent* aufrufen können.

$\rightarrow$ Viel Spaß mit Simulink.

Sehr geehrter Interessent.

→ Im GRIN-Verlag ist unter dem Titel:

SIMULINK
Entwicklung von Modellen
Demonstrationsmodelle
Helmut Roderer

eine Schrift erschienen.

→ Zum Ablauf der dort beschriebenen Demonstrationen benötigen Sie die Programmpackete **SIMU** und **UICN**.

→ Zum Programmpacket *UICN* können Sie im GRIN-Verlag unter dem Titel

Grafische Benutzerschnittstelle für Matlab
Helmut Roderer

ebenfalls eine Programmbeschreibung erstehen.

→ Hierzu müssen Sie im Internet *http://www.grin.de* anwählen und im dortigen Katalog nachsehen.

→ Diese Schriften sind auch über Amazon.de oder über den Buchhandel zu beziehen.

→ Zum Download folgende Bemerkungen:

– Nach dem Herunterladen müssen die Directories *UICN, Modelle* und *Utility* in den Suchpfad Ihrer *MATLAB* -Installation aufgenommen werden.

– Nach einem Neustart Ihrer *MATLAB* -Installation sollten sie nun das Programm *Assistent* aufrufen können.

Ich darf Ihnen viel Freude und Erfolg mit diesen Programmen wünschen.

Helmut Roderer